蔡志忠的100个成长智慧

许晋杭 ◎ 著

新华出版社

图书在版编目（CIP）数据

蔡志忠的100个成长智慧 / 许晋杭著.
— 北京：新华出版社，2023.11
ISBN 978-7-5166-7119-1

Ⅰ.①蔡… Ⅱ.①许… Ⅲ.①随笔—作品集—中国—当代 Ⅳ.①I267.1

中国国家版本馆CIP数据核字(2023)第203144号

蔡志忠的100个成长智慧

著　　者：许晋杭	
责任编辑：蒋小云	封面设计：异一设计

出版发行：新华出版社
地　　址：北京石景山区京原路8号　　邮　　编：100040
网　　址：http://www.xinhuapub.com
经　　销：新华书店
　　　　　新华出版社天猫旗舰店、京东旗舰店及各大网店
购书热线：010-63077122　　中国新闻书店购书热线：010-63072012

照　　排：中版图
印　　刷：河北盛世彩捷印刷有限公司
成品尺寸：145mm×210mm，1/32
印　　张：7.25　　　　　　　　　字　　数：139千字
版　　次：2024年1月第一版　　　印　　次：2024年1月第一次印刷
书　　号：ISBN 978-7-5166-7119-1
定　　价：59.00元

版权专有，侵权必究。如有印装问题，请联系：010-65211700

▲ 蔡志忠先生开讲，许晋杭主持

▲ 蔡志忠先生与许晋杭为画展挑选作品

▲ 许晋杭拜访蔡志忠先生

图　　文：蔡志忠

人生不是来换人民币的，而是来完成自己

　　我认识很多四五十岁、身价几百亿、事业有成的成功者，但他们大都没有把钱应用到最初的理想上。因为他们钱赚得太晚了，到了自己有钱的阶段，早已失去了年轻时代的理想。

钱不是要赚得多，而是要赚得早。

钱赚得早有两个好处：

1. 有钱便有能力完成你的梦想。
2. 有钱便有能力不做自己不想做的事。

　　晋杭就是年纪轻轻便赚到很多钱，并用自己所赚来的钱完成梦想的厉害角色。

　　记得晋杭是2022年10月份，来杭州找我洽谈画展事宜。

刚坐下来，他就开门见山，说想买我一百多万的画，然后请我去晋江座谈。让我意外的是，他说要把本次画展卖出作品所得的费用，全部捐给他的家乡用于教育，这种行为实属少见。我非常感动，也当场答应办这次特别的慈善画展。

过了一个月，他来杭州拍摄画展需要的宣传视频。

这个过程中，他跟我说这一年来他一直在关注我的思想，写了许多学习心得，内容差不多能出一本书了。

我听了以后非常感慨。很多人看了我的书，会写读后感，他是第一个看了我的书以后，自己写了一本书的人。

又过了一个月，我来到晋江为画展举行开幕仪式。整个过程非常顺利，晋杭团队前前后后安排得非常圆满。开幕式结束后，我回到房间，晋杭把准备好的书稿递给了我。我看完以后非常开心，因为这是第一次有人用这样的方式来解读我。

这也是我在之前的讲座中经常跟学生传递的价值观：找到属于你的特长，做不一样的自己。

很开心，晋杭做到了。

我非常期待这本书的出版，相信这个1992年出生的年轻人眼中的"蔡志忠思想"一定可以影响更多的年轻人，使他们发现自己、看见自己、成为自己！

2023年3月于杭州

自序

从小我就是看着蔡志忠老师的作品长大的,但是真正接触到蔡老师的思想是2022年在抖音上看到蔡老师的演讲。

蔡志忠老师的演讲,看完后令我辗转反侧。尤其是其中的2分钟,我单独录制了下来,反复看了100多遍。他演讲时的从容是我一辈子要修炼的状态。他面对人生的笃定是我向往达到的状态。从那之后,我就开始研究蔡老师的思想。

同时,我还做了5件事情:
1. 去看蔡老师的画展;
2. 收藏蔡老师的作品;
3. 阅读蔡老师的传记;
4. 观看蔡老师的采访;
5. 接近蔡老师的学生。

通过将近一年的研究，我觉得自己准备好了，有足够的勇气登门拜访蔡老师了，并且是带着邀请蔡老师到福建举办画展的心愿去拜访的。蔡老师问我，为什么要举办这次画展？我回了三个答案：

第一，感恩

福建晋江是生我养我的家乡，乃至我名字中的一个字也是取自家乡名。蔡志忠老师德高望重、享誉世界，能请到他来晋江办画展，是晋江文艺界的一件大事。为家乡的文化事业添砖加瓦，是每个晋江人都应该做的事情。

第二，精神

蔡老师深受海内外观众喜欢，图书畅销5000万册的纪录足以载入史册。老师几十年如一日，每天坚持画画十多个小时，这种对于事业的拼劲，完美诠释了什么是真正的"爱拼才会赢"。相信蔡老师的演讲，会给家乡的青年注入一股强心剂，鼓舞更多人为自己热爱的事业一拼到底。

第三，慈善

早就听闻，很多企业家崇拜蔡老师，想邀请他举办画展，都被他婉拒。所以，我想了一个特别的方案。我先购买一批蔡老师的作品，然后赠给慈善基金会用于教育事业。蔡老师听到这个方案后很感动,当场就答应了这次的晋江之行。

"要么做第一,要么做唯一。"这是商业世界中经常被提及的理念。这一次,我们同时创造了蔡老师人生中的两个"一":既是他第一次举办慈善画展,也是到目前为止,他唯一的一次慈善画展。如果以后有更多人能参考我们这次的慈善画展,那将会是一件多么美好的事情。

后来,我们的画展进行得非常顺利,老师很开心,观众很开心,大家都很开心。在这开心的氛围里,我把《蔡志忠的100个成长智慧》这本书的初稿递到了蔡老师面前。这是我把自己这一年来对蔡老师的观察和思考全部记录下来的精华内容,期待能得到蔡老师的认可。我本以为蔡老师会对我的稿件提出各种意见,但没想到居然全部通过,连蔡老师团队的啤妹也说,很少有人能从这个角度来解释蔡老师的思想,这本书一定可以带给更多人收获。蔡老师和啤妹的鼓励给了我信心,让我加速对接出版社,期待这本书能早日跟读者见面。

如果说要给这篇自序来一段结尾,那用蔡老师"做自己"的价值观再合适不过了。我当时在写这本书的时候就问自己,如果蔡老师拒绝它出版,我还会不会写?最后我得到的答案是,如果我因为他不同意就不写,那我就真的没有把蔡老师的思想学到家。真正的"做自己"是,不

写,那我就真的没有把蔡老师的思想学到家。真正的"做自己"是,不管你同意不同意,我都会写,写完再说。不管你开心不开心,反正我在做这件事的过程中很开心。我很开心,我写完它了;我更开心,它要出版了;我超开心,我做自己了。

许晋杭

2023年4月24日

于深圳市宝安区泰华梧桐岛

目录
CONTENTS

第一部分：成事的方法

1. 不懂就要问   3
2. 大脑不是用来记忆的   5
3. 递名片不如递作品   7
4. 多做准备   9
5. 敢于提出自己的条件   11
6. 记忆不是记进去   13
7. 讲故事的重要性   15
8. 节省精力   17
9. 截止时间   19
10. 经典谈判句式   21

11. 没灵感怎么办	23
12. 努力没有用，要先理解	25
13. 清单思维	27
14. 如何更好地吃透一本书	29
15. 如何思考问题	31
16. 如何心怀感恩	33
17. 如何拥有不同的思考方式	35
18. 如何找到你的高效时间	37
19. 如何知道自己比想象中强100倍	39
20. 如何制心一处	43
21. 输出是最好的学习	45
22. 有时间观念	47
23. 反问占据主动权	49
24. 为什么从来不砍价	51
25. 写下来的力量	53
26. 学习付费	55
27. 学习要一鼓作气	57
28. 仪式感	59
29. 影像转换阅读法	61
30. 注重积累	63
31. "用"是最好的老师	65

32. 找到更多视角解读一件事   67

33. 主题性阅读   69

34. 作品思维   71

35. 做事要有计划表   73

第二部分：自己的看见

36. 看见自己   77

37. 5个步骤帮助你找到自己   79

38. 把缺点变成特点   81

39. 不被别人定义失败   83

40. 独立思考的能力   85

41. 多多自省   87

42. 分清必要的、需要的、想要的   89

43. 给自己定规矩   91

44. 古董的价值   93

45. 活在当下，多看机会   95

46. 确定性   97

47. 人生的那把刷子   99

48. 如何克服不敢主动的障碍   101

49. 实现梦想的步骤   103

50. 天才总是自我教育   105

51. 为什么你要敢于提钱	107
52. 喜欢的事,马上去做	109
53. 信念,想要和一定要	111
54. 要有好奇心	113
55. 一个人的内心有三个自己	115
56. 找到独门绝技	117
57. 自己不擅长的不要碰	119
58. 知道就是知道	121
59. 自己就是名牌	123

第三部分:心情的关照

60. 摆脱制约	127
61. 不解释	129
62. 不讨好任何人	131
63. 不要有限制性思维	133
64. 烦恼皆菩提	135
65. 反派心态	137
66. 改变诠释	139
67. 面对批评的态度	141
68. 人是夸出来的	143
69. 谁的情绪谁负责	145

70. 生死之外无大事   **147**

71. 睡觉是良药   **149**

第四部分：孩子的影响

72. 给够孩子爱   **153**

73. 爱是我可以为你做什么   **155**

74. 让孩子敢犯错   **157**

75. 不要把焦点放在做错的事情上   **159**

76. 为什么不要总是揪着孩子的错不放   **161**

77. 天才都是鼓励出来的   **163**

78. 多用陈述句   **165**

79. 开启孩子的智慧   **167**

80. 帮助孩子成为他自己   **169**

81. 多给孩子讲故事   **171**

82. 如何成为讲故事大师   **173**

83. 如何反复讲同一个故事   **175**

84. 如何当好孩子的老师   **177**

85. 为什么不要直接告诉答案   **179**

86. 为什么孩子要多创作   **181**

87. 训练自己做决定   **183**

88. 幽默会遗传   **185**

第五部分：价值的思考

89. 慈善家最开心　　　　　　　　　　　　　189

90. 活在规则之外　　　　　　　　　　　　　191

91. 机会比能力重要　　　　　　　　　　　　193

92. 见世面　　　　　　　　　　　　　　　　195

93. 快乐比成功重要　　　　　　　　　　　　197

94. 连接更多人　　　　　　　　　　　　　　199

95. 你的目标决定了你是谁　　　　　　　　　201

96. 让目标显影　　　　　　　　　　　　　　203

97. 所以，你愿意为自己爱的东西投资多少　　205

98. 为行业做贡献　　　　　　　　　　　　　207

99. 涨价是最好的贡献　　　　　　　　　　　209

100. 想着留下点什么　　　　　　　　　　　　211

01

成事的方法

蔡志忠用行动解释了什么是学问
学问,就是要一边学,一边问

蔡志忠的100个成长智慧

1

不懂就要问

蔡志忠在学生时代就喜欢问老师问题,以至于到最后老师看到他都是绕着走。现在他还记得当年的老师欠他23个问题没有回答。

蔡志忠用行动解释了什么是学问。学问,就是要一边学,一边问。所以不懂就要问,用黄金三句式来问:

1. 这个问题是什么?
2. 为什么会发生这个问题?
3. 这个问题要怎么解决?

面对任何问题,都可以从这三个角度去切入。

哈！

大脑不是用来记忆的

蔡志忠说:"文字、资料早已经在书中或计算机档案里,无论我们有没有读它背它,都不会减损一个字,大脑是用来思考、想象的,用大脑来记忆,有如让智者去当苦力一样践踏大脑的功能。"

不在非战略性机会上浪费战略性资源,把最重要的资源花在最重要的事情上。你的时间和注意力就是你的命,你要把它们花在最重要的事情上。而每天最重要的事,就是反思自己。每天都要把时间花在下面的事情上:

1. 我今天做了什么事?哪些是我计划中的?哪些是不在我预料中的?

2. 这件事产生了什么结果?跟想要的有多大差距?要怎么调整?

3. 这件事花了我多少时间?是否可以再提高做事效率?哪些时间没必要花出去?

如果你每天都能花15分钟想上面这几个问题,你的进步速度将会是显著的。

嗯！

3

递名片不如递作品

递名片不如递作品,营销就是做"少说一万句"的动作。

蔡志忠会提前准备好自己的个人作品册子,还有各国媒体采访剪辑簿,这个是敲门砖。

他很懂个人品牌。

1995年,他要去拜访著名的收藏家新田栋一,就展示了这些,最后获得了对方的热情接待。

我曾经跟一些有阅历的人聊天,发现他们都缺少收集思维。

你可以收集哪些资料呢?

1. 荣誉,包括你的专业荣誉、社会荣誉、政治荣誉。
2. 别人尤其是有威望的人对你的评价。
3. 新闻媒体尤其是官方媒体对你的报道。

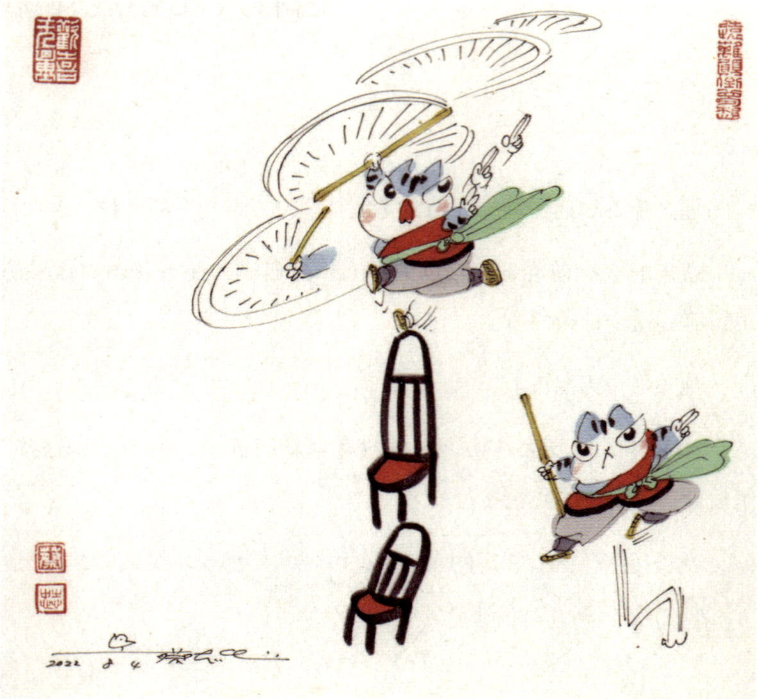

4

多做准备

蔡志忠说:"你去药房抓药,伙计可以在三分钟内就给你找到药方上的药,他倚仗的就是背后的1000个抽屉。"

你的积累,就是你强大的自信。

"自信不是口号,而是积累。这也是我画画这么快的原因。因为我几十年都在积累。"

我在邀请蔡志忠去福建晋江办画展时,问了一句:"咱们最快什么时候去办展?"

他说:"最快明天,因为我的画都是现成的。"

这就是大师的回答,万全的准备,不怕没有机会。

当你还在抱怨自己没有机会的时候,可以多问问自己为了这个机会准备了多少。

当你迷茫的时候,你可以做三件事:

1. 读书,给大脑充电。
2. 锻炼身体,给身体充电。
3. 多去交朋友,给人脉充电。

这些都是在为你以后获得更多的机会做准备。

蔡志忠的100个成长智慧

5

敢于提出自己的条件

蔡志忠曾带着自己的作品,去找一家大型的出版社。

出版社的负责人看完作品以后,说了一句:"这本书肯定会大卖!一定要由我们社出版。"

蔡志忠说:"不行。我有30本,除非你30本一起出版。"

对方说:"没问题。"

很多人在生活中都不敢提出自己的条件,其实这会错过很多可能。

我鼓励你,在以后的谈判中,要适当训练自己敢于提出条件。

1. 提出条件,会倒逼你提高自己的能力。而且别人也会在心里觉得你是有能力的,不然你怎么敢开口?

2. 提出条件,会倒逼你提高自己的开价能力。你不敢提条件,就永远不敢涨价。

3. 提出条件,会互相碰撞出更好的条件。很多时候,不是你提出的第一个方案好,也不是他提出的第二个方案好,而是你们彼此探讨的第三个方案最好。

6

记忆不是记进去

蔡志忠说:"记忆不是记进去,而是要记住取出来的线头。"

学习方法也是如此。不管学什么知识,都要思考下面这三个问题。

1. 这个知识点主要讲了什么?(理性)
2. 我有什么感受?它跟过去的什么知识有关联?(感性)
3. 我该如何应用?(举一反三)

学了多少不厉害,用了多少才厉害。

7

讲故事的重要性

蔡志忠说:"我知道漫画最重要的是故事的内容,画画只是表达故事的手段。因此我看尽我能接触到的所有书本,自己也编故事,思考情节应该如何表现才会有张力、好看。"

有故事思维的人,在什么行业都会很出众,每个行业的红利都倾向于更会讲故事的人。

我自己做投资的时候就发现了,如果眼前有两个人,一个更会讲故事,一个讲故事能力一般,我会更倾向于前者。

魔术师也是如此,一个是老老实实变魔术,另外一个会把整个魔术串联成一个故事,带给你更有深度的体验。你会更喜欢后者。

所以,不妨试着把你所在行业的经验通过讲故事的方式传播出去,你会获得意想不到的收获。

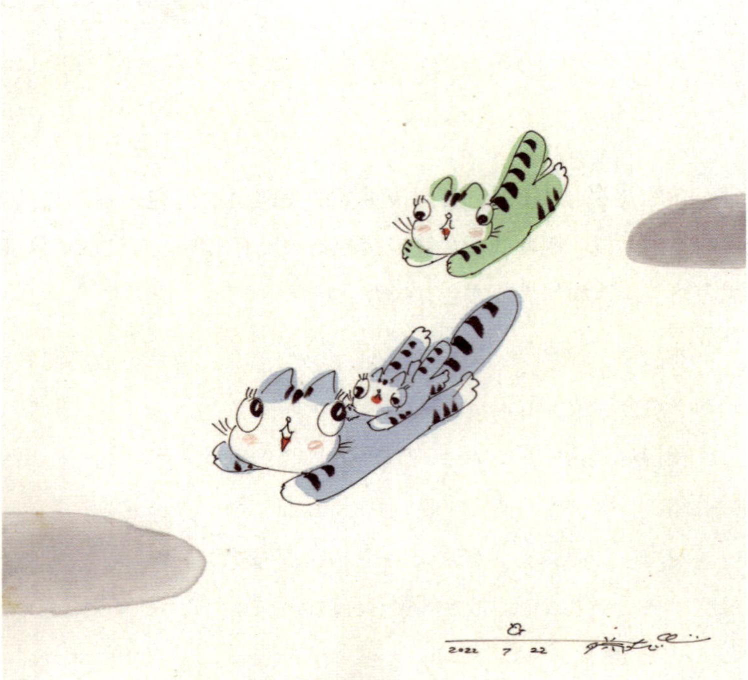

8

节省精力

蔡志忠身家几十亿,但每天只花20元,生活无比简单。他曾经一下子买了30件同样的白衬衫、20条同样的裤子,就是为了节省挑衣服的心思,把精力花在该花的地方。

蔡志忠这样做,有三大好处:

1. 省下了一大笔钱。当然,蔡老师有很多钱。
2. 省下了空间。家里可以摆放更多的东西。现在蔡志忠家里全都是画和古董。
3. 省下了时间。每天不用花费时间去选择,不必烦恼要穿什么,把所有的时间和精力花在自己最喜欢的事情上。

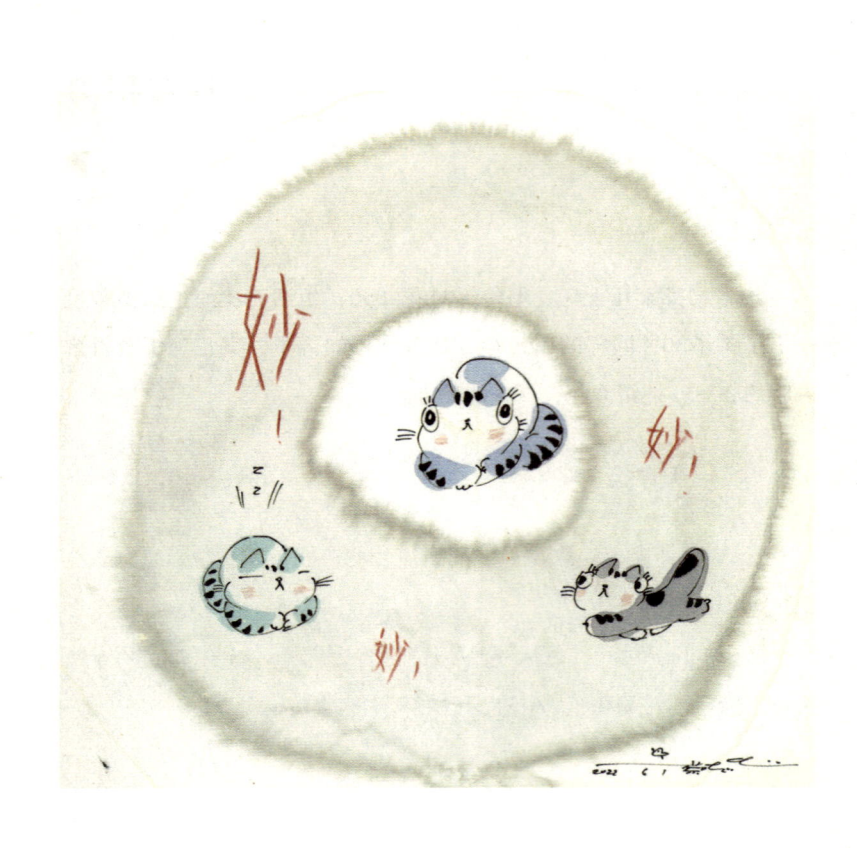

9

截止时间

有一年的12月26日,大块文化出版公司的汤经理打电话给蔡志忠:"您今年不是答应我们出一套书吗?一共4本,您要在1月3日前给我们书稿。"

蔡志忠从12月27日至次年1月2日,用了7天的时间,画完了500页,顺利交稿。

当你做事不在状态的时候,不妨给自己规定一个截止时间。

设定截止时间是很多高手都会做的事情,因为他们深深地知道,如果没有截止时间,事情将会一拖再拖。

就好像我们以前可以花一个暑假的时间去玩,然后用最后一天的时间完成暑假作业,因为我们知道,最后一天就是截止时间,如果不完成,后果很严重。

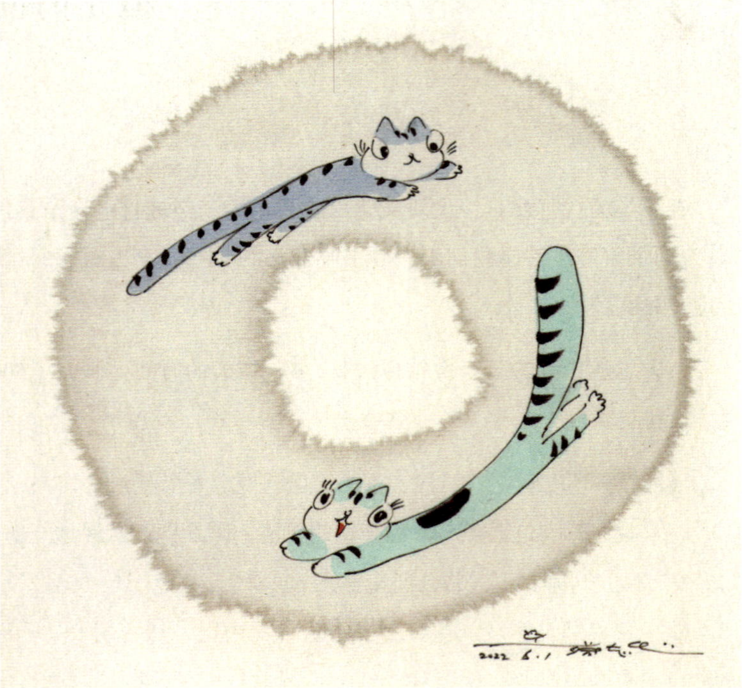

10

经典谈判句式

光启社接了一部电视连续剧《傻女婿》的动画片头,但距离播出只剩下一个星期,蔡志忠拍着胸口对领导说:"没问题,交给我,如果没做完,就开除我。"虽然领导答应了,但还是不太相信他。

他用了4天时间,通宵加班,几乎没有睡觉,做出来的效果比预期还要好。此后,社里的动画片头制作的工作都交给蔡志忠,他一下子成为名气最大的动画师。

蔡志忠就是用了谈判当中最经典的绝招:如果不行,你就……

当你在谈判中,感觉对方已经有所触动了,但是还差临门一脚时,就真诚地用这一招。

1. 金钱。请把这件事给我,如果我没做好,这个月不用给我发工资。
2. 职务。这次请让我带队,如果没有完成,你降我的职。
3. 机会。这次机会,请让我试试,如果这次我表现不好,以后我再也不会争取。

当你表现出这种态度时往往会感动对方。我当年在北京跑龙套时,就是因为某个主演临时没空,我主动对导演说:"这次让我上,如果演不好,以后我就不演了。"导演让我试了一下,结果大获成功。

11

没灵感怎么办

蔡志忠说："很多人问我，没有灵感该怎么办，我说我不存在没有灵感的情况，因为当画画成为我的职业以后，总是灵光乍现。"

如何让自己在做喜欢的事情时一直有灵感？

1. 创想：每天都要想自己喜欢的事，真正喜欢的事，一天不想心都痒。

2. 创新：不仅要想，而且要突破舒适区，争取做到今天想的东西比昨天新。

3. 创作：每天持续创作，光想不行，还要行动，把想的东西变成可视化的东西。

保证自己在创想、创新、创作的路上，就不存在没有灵感这回事。

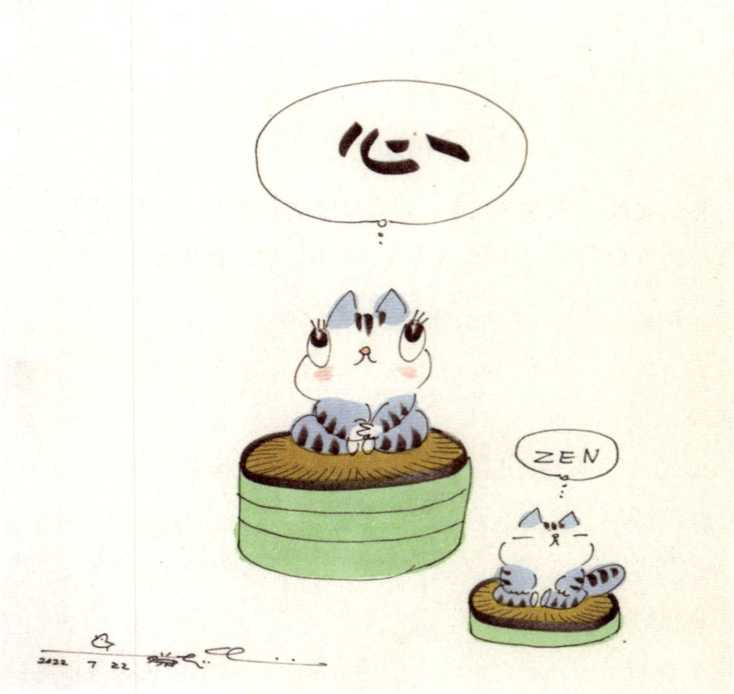
心
ZEN
2022 7 22

12

努力没有用，要先理解

蔡志忠："光努力是没有用的，要先理解再行动。"

如果要解决一个问题，我会先花90%的时间理解透彻，再花10%的精力做，往往一出手就解决了。

慢就是快，快就是慢。理解得越深，做得就越到位。

很多企业里都有一个沟通三次的习惯，就是当领导给你布置完一项任务后，他会对你说：

1. 用你自己的话，重复一下我布置的任务。——这是看你描述的内容是否精准。

2. 为什么要你做这件事？——这是看你是否理解任务背后真正要达到的目标。

3. 如果遇到问题，你该怎么办？是否有更好的方案？——这是在看你能否提前发现问题，让做事的效率更高。

先理解再行动，最后的结果往往会跟最初的设想很接近，少了很多返工的可能。

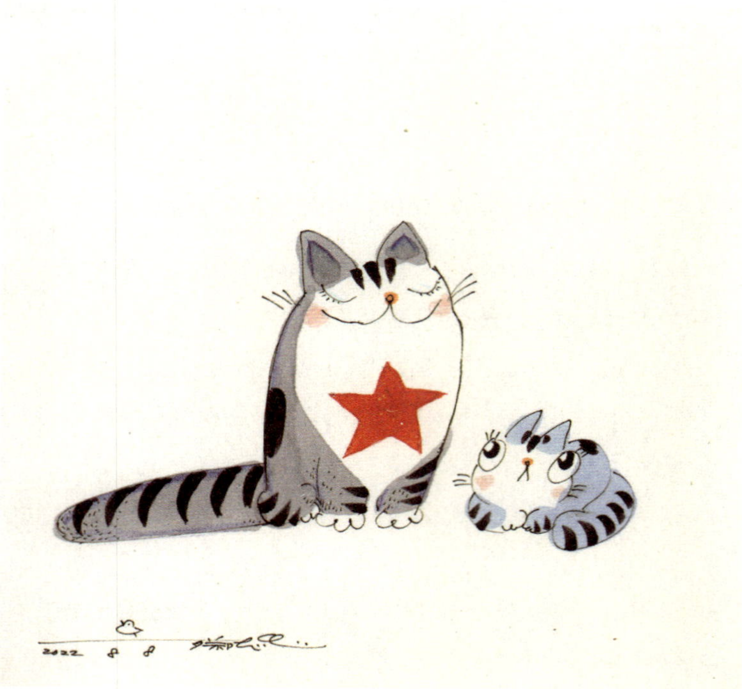

13

清单思维

每天凌晨起床，蔡志忠第一件事就是花15分钟，看着天空思考，并问自己4个问题：

1. 我这辈子来到这个世界上到底是为了什么？

2. 今年我要完成哪些目标？

3. 最近一段时间主要做什么？

4. 今天我要如何安排？

每天问自己这4个问题，让蔡志忠成就了高效人生，而这背后则是他运用了清单思维。

清单思维就是把需要做的事情用序号的形式记录下来，并严格按照清单去推进。清单思维有三大好处：

1. 人是感性动物，相比人的记忆和感觉，写下来的东西更可靠。

2. 执行的时候有步骤，跟着步骤走，可以节省精力。

3. 方便执行后检查，对照一下自己是否已经完成。

每个人都应该有属于自己的清单，如谈判清单、阅读清单、工作清单等。有了自己的步骤，执行起来效率会更高。不要拍脑袋行事，那样很不靠谱。

蔡志忠的100个成长智慧

14

如何更好地吃透一本书

蔡志忠说:"不要只看字面逐字去读,要直接去理解文字背后所传达的内涵;'得意忘言'的读书方法最有效。"

那如何更好地"得意忘言"呢?

1. 看完以后,不要重复书上的文字,而是尝试用自己的话,找一个人,讲出这段文字的核心意思。

2. 你再让对方重复一遍,看他重复的意思和你想表达的吻合度有多高。

3. 把这段感受写下来,发表到学习社群交流。写的过程是一个"再整理、再思考、再输出"的过程,能够帮助你把书中的核心意思理解得更透彻。

15

如何思考问题

蔡志忠说："如何思考问题？首先要有好问题，好问题比好答案重要。"

如何提出好问题？多问怎么做，少问为什么。

员工迟到，你问："你今天为什么迟到？"对方只能给你一堆迟到的理由。而如果你问："你明天要怎么做才能准点到？"对方就会开始思考解决方法。

所以，多问怎么做，少问为什么，就能提出好的问题。

16

如何心怀感恩

蔡志忠说:"我的'漫画诸子百家'系列在全世界有49个翻译版本,一共卖了5000万册,主要不是因为蔡志忠多有名,也不是因为它是漫画,而是因为它诉说的是东方思想。"

蔡志忠是一个自信的人,而他能达到如此高度,离不开他的谦卑。

多想想今天自己能做成一件事,都是因为哪些外部的助力。

1. 归功于老师

没有老师或者某个人生导师教会你如何做事,你很难成事。

2. 归功于公司

没有平台给予你施展才华的机会,你就算再有能力,别人也看不到你,而当下有很多年轻人却错把平台的助力当作自己的实力。

3. 归功于朋友

你可能很有才华,也很有平台,但是难免遇到至暗时刻。有一个愿意陪伴你、给你鼓励、欣赏你的朋友,是难能可贵的。

所以,多对这个世界心怀感恩,多想想到底是因为什么人我们才有的今天,那你将会获得更多人的帮助。

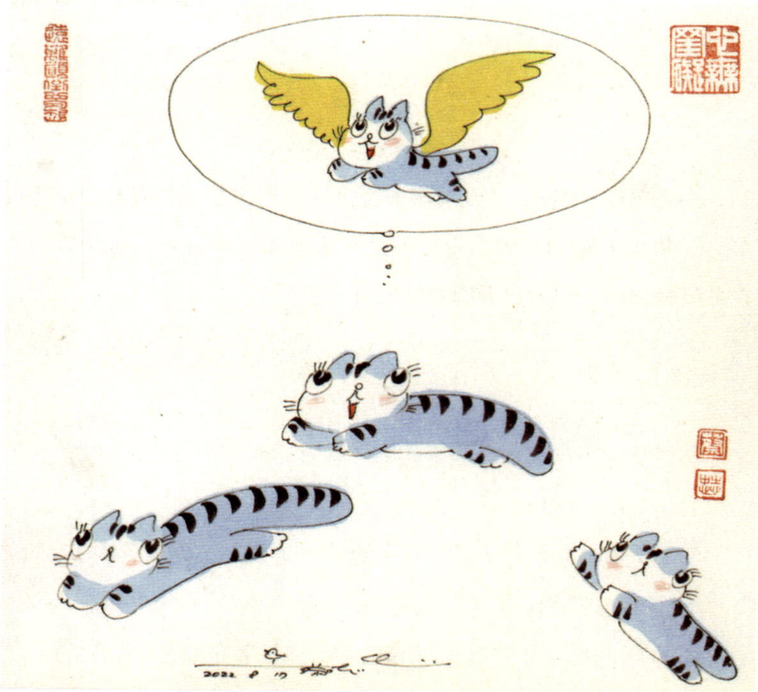

17

如何拥有不同的思考方式

蔡志忠说："是思考使我们与众不同，每个人都有自己的思考模式，不同的思考方式产生不同的行为与不同的结果。"

如何拥有不同的思考方式？

任何一个问题，都可以从时间、空间、人物的角度去进一步思考。

1. 同样一个问题，把思考的时间拉长，结果是否还一样？
2. 同样一句话，换一个场景来讲，是否还有道理？
3. 同样一个观点，换一个人来讲，是否还让人信服？

妙！
妙！
妙！

18

如何找到你的高效时间

蔡志忠每天天一黑就睡觉,凌晨起床,然后站在窗边喝着咖啡,对着寂静的星空思考。这是他每天最快乐、最享受的时间,思考完了以后才开始画画。

他做过三年多的记录,知道一天当中,凌晨的时候大脑最清醒;一年当中,在寒冷的冬天大脑最清醒。他每天凌晨起床,连续工作到下午两点,然后吃饭、睡午觉。吃过晚饭稍作休息,天黑了就上床睡觉。

所以,如何知道自己在哪段时间里做事是高效的?

1. 尝试自己记录一个月。
2. 列出每天哪个时间段自己最兴奋,工作效率最高。
3. 以后在高效的时间段做重要的事,而不是去做没有意义的事。其他时间拿去开心地玩,不要有心理负担。

做,就认认真真。

玩,就开开心心。

19

如何知道自己比想象中强100倍

蔡志忠说： "我们比自己想得强100倍。只是我们不知道。"

如何知道自己的能力？

1. 帮助别人

拿你的专业去帮助别人。

比如我以前是教演讲的，我一直都觉得我很普通，直到我开始去帮助别人，让别人变得更好，我才发现，原来我这么有价值，只是我以前不知道。

2. 得到反馈

你帮助的人，会因为你的帮助而变得更好。

我辅导的人，一个个站到舞台上去演讲，这就是一种最好的反馈。同时他们还会给我语言上的反馈，告诉我，因为我，他们有了进步。

这个时候，我在精神上，也会感觉自己真的比想象中的自己要强大。

3. 结果可视化

我辅导的人拍的照片、视频，写的感受，都是可视化的结果。

我每次没有能量的时候，都会翻开这些资料，瞬间就会充满能量。原来，我自己这么厉害，比想象中强大这么多！

这就是我强烈建议大家读书的时候要读纸质书的原因，因为结果可视化，全部叠加在一起，会有一种成就感。

蔡志忠就很喜欢一边画画，一边数自己到底完成了多少，回顾自己完成了多少工作。他很小的时候就发现，支撑自己长期画画的力量，来自完成事物的成就感。

多去帮助别人，得到反馈，并且让结果可视化，你会意识到，原来自己比想象中强大100倍。

20

如何制心一处

蔡志忠说:"生命的至乐不是享受美食,不是度假旅游,不是奋斗之后的功成名就,而是制心于一处、置身于一境,完成自己的梦想。"

如何制心一处?

1. 把所有花里胡哨的目标都砍掉,一段时间只专注做一件事。

2. 时刻检查所有的小目标,因为所有的小目标都是围绕大目标而设定的。

3. 一件事没做好之前,坚决不做第二件事。集中兵力,攻打山头。死磕结果,拿到结果。

44 － 蔡志忠的100个成长智慧

21

输出是最好的学习

蔡志忠一直以来都保持着输出的习惯，不管是小时候放学后跟妈妈讲的故事，还是现在开的私塾课，他总是让自己处于不断输出的状态。

这是一种非常智慧的学习方式，因为你要经常跟别人讲，所以要不断输出更多的内容，如果你总是讲同样的内容，别人不腻，你自己也会看不下去。从今天开始，当你学到某个知识点时，可以用下面的方式输出，以此来增强自己的理解。

1. 讲出来。你听到了什么，就用你的话转述给别人，用口头的方式表达，最简单，最直观。

2. 写出来。安静坐下来，把你理解的内容写下来，用文字的方式转述，会显得更理性，更系统。

3. 画出来。你可以像蔡志忠那样，把所思所想画下来。蔡志忠的许多学生，就在践行1000天画画打卡行动，每天都要把自己的思考成果用一幅画的形式呈现出来。

最后，送你三句话，适合反复读。

越分享，越成长。越输出，越成长。越总结，越成长。

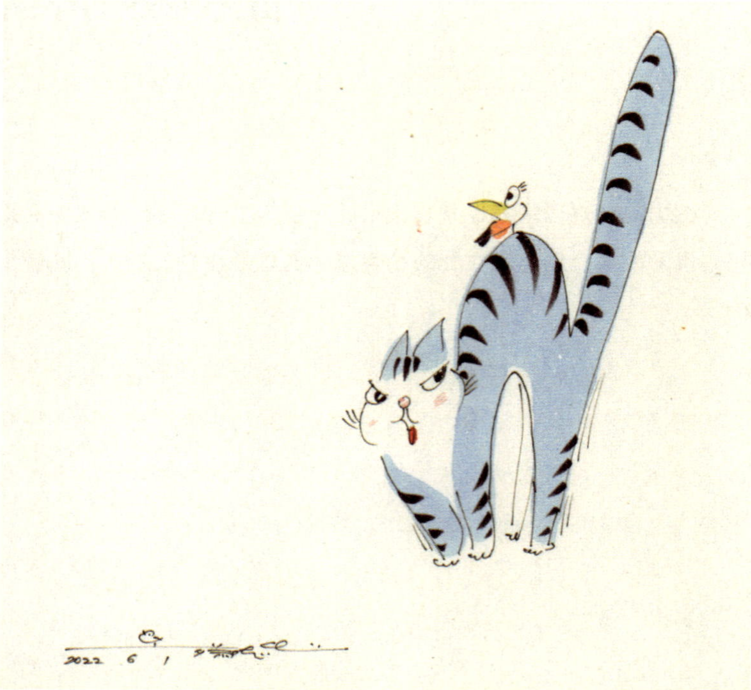

22

有时间观念

我第一次去拜访蔡志忠老师时，跟他助理约的时间就是一小时。大概过了一个多小时，他对我说："我带你参观一下房间里的古董，然后我们今天就谈到这里。"

我带着满满的收获和喜悦离开了。离开后我在想，今天蔡老师很好地向我示范了他能活得这么自在的秘诀。

1. 提前预约。他从来不接受空降拜访，任何事情都需要提前约，并且得到同意后才能前往。

2. 约定规矩。如果他同意你前往，助理则会告诉你，和老师相处的时候，什么能做，什么不能做。让别人知道，接下来会发生什么，这样相处起来节奏会控制得非常好。

3. 提前预告。很多人在相聚的时候，碍于面子，不好意思跟对方说时间到了，而蔡老师会很智慧地在时间还剩下一点的时候，提前告诉你，让你有心理准备。

如果总的时间超过了本来约定的时间，你还会感到非常惊喜，而这种惊喜就是在这种情况下产生的。换句话讲，如果你能随时见到一个人，并且想聊多久都行，你还会感到惊喜吗？

48　　蔡志忠的100个成长智慧

23

反问占据主动权

很多人认为，漫画不外乎画一些幽默讽刺的主题，但如果你问蔡老师："漫画可以画什么？"他一定会反问你："有什么不能用漫画画？"

如何拥有更强大的气场？答案就是反问。

当以后有人针对某一件事问你："为什么要这么做？"

你没必要乖乖回答这个问题，给出答案。你完全可以把自己的气场架起来，反问下面的其中一句：

1. 我为什么不能这么做？
2. 你这么问的目的是什么？
3. 你真正想知道的是什么？

尤其是第一句，基本上能把对方"打"回去。

在沟通中，谁提问谁掌握主动权，当你把这几个问题反问过去后，没有接受过语言训练的人多半都抵挡不了。

24

为什么从来不砍价

蔡老师买古董从来不砍价,有人问:"如果对方报高了,怎么办?"

他说:"要让别人能赚钱,如果你总是赚,以后别人有好东西也不会第一时间给你看。"

人在买东西的时候,都会有想赢的感觉,但是赢也是有层次的。

第一层:钱。买卖本身就是一场博弈,我用50万买到了价值100万的东西,本质上我赢得了50万。这个层面的赢是马上可以看到的。

第二层:口碑。别人和你相处得很舒服,因为你总是能制造双赢的感觉,所以对方非常乐意和你交易。离开了交易桌后,他还会在茶余饭后帮你传播,你的口碑会在社会上流传,这会让更多人愿意把好东西拿来给你。

第三层:未来的价值。拿古董来说,你当下可能花100万买贵了,但是因为你眼光独到,未来涨到了1000万。如果你当时没有买下来,这件古董就和你没关系了。

25

写下来的力量

蔡志忠说："如何找到自己最喜欢的事？你要拿两张A4纸，在第一张的左边写上'我最喜欢什么'，在右边写上'我最不喜欢什么'。在第二张纸的左边写上'我最拿手什么'，在右边写上'我最不拿手什么'。然后把两张纸合并，看你最喜欢和最擅长的，那就是你最拿手的。"

写下来是有力量的。

开会和思考的时候，一定不要只依赖大脑，而是要拿着笔和纸，把内容写下来。

1. 大脑里想得不深刻，写下来印象才深刻。
2. 写下来，让内容显性化，并且让内容有连贯性。
3. 看问题越全面，越有利于你做判断，不然很容易拍脑袋做决定。

我们曾经做过实验，研究开会的时候，旁边有白板和没白板的区别。

有白板记录会议重点，整个会议都会紧紧围绕我们讨论的重点进行。没有白板记录，我们很容易天马行空，甚至最后都不知道结论是怎么推理出来的。

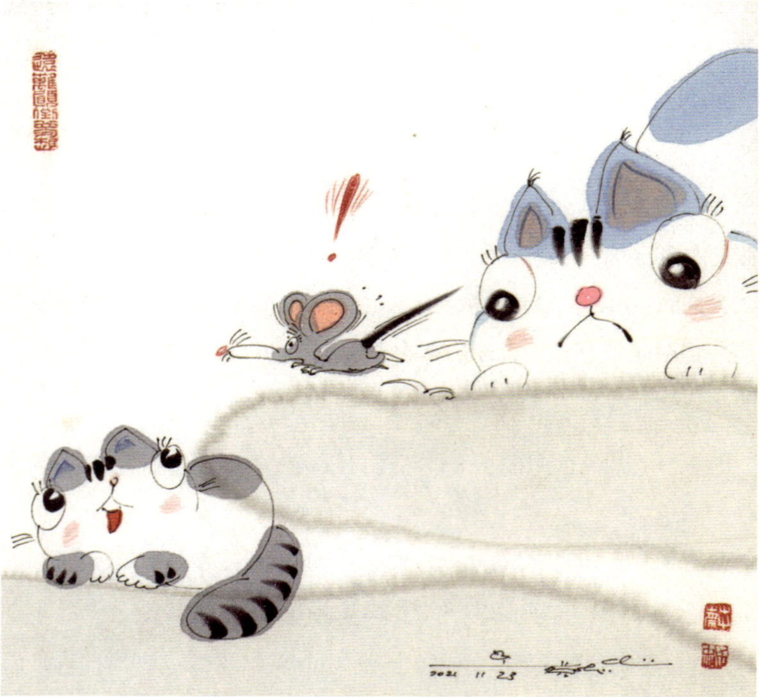

26

学习付费

蔡志忠说:"学东西不能跟半瓶醋学,我们学什么都要跟最高标准看齐。学习几何,就要跟欧几里得学;学微积分,就要跟莱布尼茨学;学中国思想就要跟孔子、孟子、孙子学。我们学任何东西,都要跟世界最高水平的学者学。"

学习要找对老师,也要找最厉害的老师。老师的水平决定了学生学习的境界。要阅读本领域最经典的著作,找到你可以找到的最厉害的老师。

不要为了省钱而不舍得投资。花钱去学习是世界上最有智慧的学习方式。

有时候,你花的钱越多,学习效果就越好,因为你会投入更多的精力。如果一个课不用花钱,哪怕内容再好,你可能也会敷衍对待。

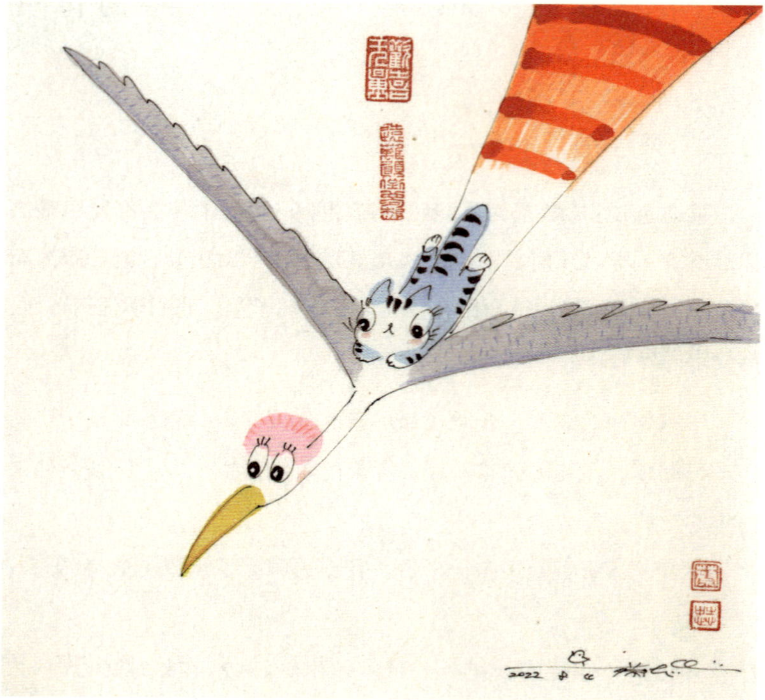

学习要一鼓作气

蔡志忠说:"学习要有要领,我会花一段时间海量阅读,把1990、1991、1992这三年所有禅宗的书都看一遍,然后归纳,最后总结。自此,我对中国禅宗有了更深的了解。"

学习要一鼓作气,现在很多人到了年底制定各种目标,期待明年大干一番,结果什么都没学会。

如何一鼓作气学习呢?

1. 选一个自己真正热爱的领域。

2. 往深了学,所有的学习都围绕这个领域展开。做到这个领域大部分的问题都问不住你。

3. 当你把一个领域的知识学透以后,表面上是学会了这个领域的知识,本质上是摸透了学习的法门。

最后,你也可以像蔡志忠一样,学什么成什么。

58　　蔡志忠的100个成长智慧

28

仪式感

蔡志忠说，他从当漫画家开始便学习父亲的精神，每年除夕吃完年夜饭以后，他尽可能通宵加班，一年之际始于除夕。

给自己设计一个有仪式感的节日，会让你的生活更有意义。

当然你也可以回归到生活中的每一天，为自己的很多事情增加仪式感。

我可以向大家分享一下我一天的三个有仪式感的事情。

1. 每天起床第一分钟，什么事都不要想，手机也不要碰，就躺在床上，先想一分钟最近发生的好事，或者生命中美好的事。这样会带着一个美好的心情开始一天的工作和生活。

2. 以前喜欢坐在办公室，拿起手机刷一会儿再开始工作，可是不知不觉，半小时就过去了。现在每天到办公室，第一件事先强制工作10分钟。这样大脑会告诉自己，今天开始的第一件事是工作，自己也会一直在状态。

3. 每天晚上睡前，我会花1分钟想想最近自己的收获和喜悦，这样能确保自己有一个好的睡眠。

妙!

29 影像转换阅读法

蔡志忠说:"看书,也要像看电影一样看着玩。"

高手都会把书的内容转换成图片和文字心得。

你自己想想,是不是看书容易忘,看电影就不容易忘。

你看完某本书,让你重复一下书里的内容,你支支吾吾讲了十分钟也讲不清;你看完电影,估计可以声情并茂地讲半小时。

所以要具备把书里的文字转换成影像的能力,看过的每一段文字,脑海里都要出现画面。

10年寒窗

注重积累

蔡志忠说:"我画一本漫画,通常需要3天到5天,我一生都在积累,画佛经、禅宗、诸子百家题材,3天就可以完成一本,所以我可以用一年里的业余时间出版29本书。我每天都在画佛陀,还会画山、花、房屋、石头。所以当我想要出一本书时,将之前的作品组合起来即可。我们做任何事之前都要有积累,到后面才会厚积薄发。"

许多艺术家都是有积累思维的,他们知道积累非常重要。要多注重积累,这样创作起来就不会有心理负担。

你待在一个房间里,苦思冥想往往没有答案,一没有灵感,消极情绪就上来了。平时生活里突然闪现的灵感,一定比刻意去想来得多。

要养成积累的好习惯,这样你会记录下很多宝贵的灵感。不要高估自己,很多事情没有记录就是没有发生。

而且真正有趣的,是你积累了某一段素材后,突然间你会迸发新的灵感。本来你脑海里只有123,不知不觉,写着写着,就把456也写出来了。如果你不积累,那这一切将无从谈起。

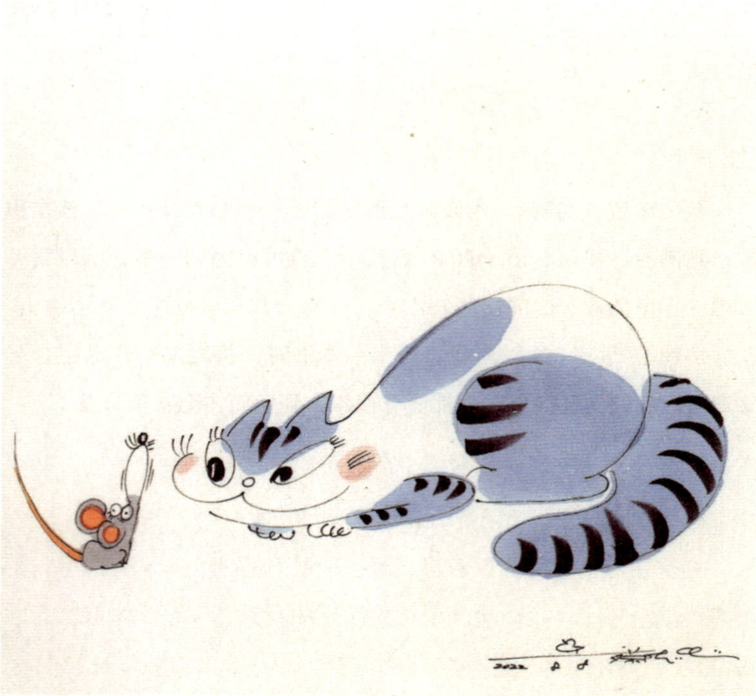

31

"用"是最好的老师

蔡志忠移民加拿大温哥华的时候不会说英语,就去一户户邻居家,把自己会的几个单词讲出来,和对方交流,一来二去,蔡志忠很快就学会了英语。

他说这不是"学以致用",而是"用以致学"。

大部分的技能和知识在刚刚习得的时候,都可以通过这三步"用以致学"。

1. 这个知识点要用在哪

列出这个知识点要运用的场景,让这个知识点真正"动"起来。

2. 用了以后有什么感觉

实践是产生感受的唯一方法,很多知识点听的时候是一码事,用完以后是另外一码事。

3. 下次要怎么完善用法

根据自己的感受和实际情况,不断完善它,争取下次运用的时候更加顺手。

真正的下棋高手,不是不断下棋,而是下完一盘棋之后,花大量时间不断复盘得失,争取犯过的错不要再犯。

32

找到更多视角解读一件事

蔡志忠说:"填鸭式地给孩子灌输标准答案,他们的思维会越来越萎缩。就像愚公移山,大多数孩子受到的教育,是愚公的精神令人敬佩,值得学习。但按照法家的观点,愚公要想走出大山,只要开一条路就行了。按照道家的话来说,你既然选择了深山,就安心待在里面好了。以现代人环保的眼光来看,愚公凭什么破坏自然资源呢?

对一个人来说,保持看待事物的独特视角和思维,是一种很重要的能力。我画漫画就是想要唤醒人们,特别是唤醒孩子的想象力。一个缺乏想象力的社会要想激发出创造力,很难。"

用不同的思维来解读同一件事,你的人生视角会变得更宏观。有哪些视角可以使用?

1. 任何一件再不好的事,都找出它好的地方。
2. 任何一件再好的事,都找出它的局限点。
3. 任何一句无比正确的话,自己都要想,在什么情况下,它就不再那么正确了。

33

主题性阅读

蔡志忠的阅读量非常大,迄今为止已经超过了3万册。而他最喜欢的阅读方式是主题性阅读。

如何做主题性阅读?

1. 选一个领域,专注在一个领域。

2. 把问题提炼分类。因为一本书里,不一定所有的内容都与我们的主题相关,我们要把与主题相关的内容提炼出来,进行分类整理。

3. 跟同时也在做这个主题性研究的人探讨这个主题。你们针对某一事物进行讨论,可能会碰撞出不一样的火花。

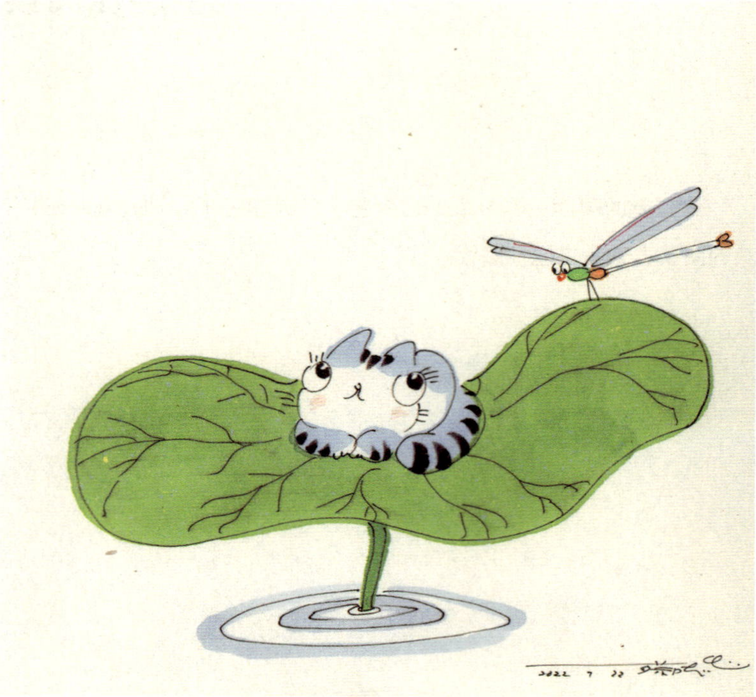

34

作品思维

蔡志忠在很小的时候，每天不停地画，并把自己的作品装订成册，从小就有作品思维。初二的时候，他把作品寄到出版社，后来出版社就给他发了聘书。

如果你也拥有作品思维，那么你也能从所处行业脱颖而出。但作品要具有三个条件。

1. 可传播

我是一名歌手，我的音乐可以被传播，被转发，被播放。

2. 可视化

我是一名作者，我写的每一篇文章都要面世，我的作品能可视化。

3. 可沉淀

我是一名老师，每年教学的经验都会沉淀到课堂上，越沉淀越值钱，我的课程就是我的代表作，更是我的品牌。

不管你是创业者还是职场人，你所做的每一件事，从广义上讲，都可以是你的作品。

你的作品积累得越深，你自身的能量就越强。没有作品，自身贴再多标签也没用。

蔡志忠的100个成长智慧

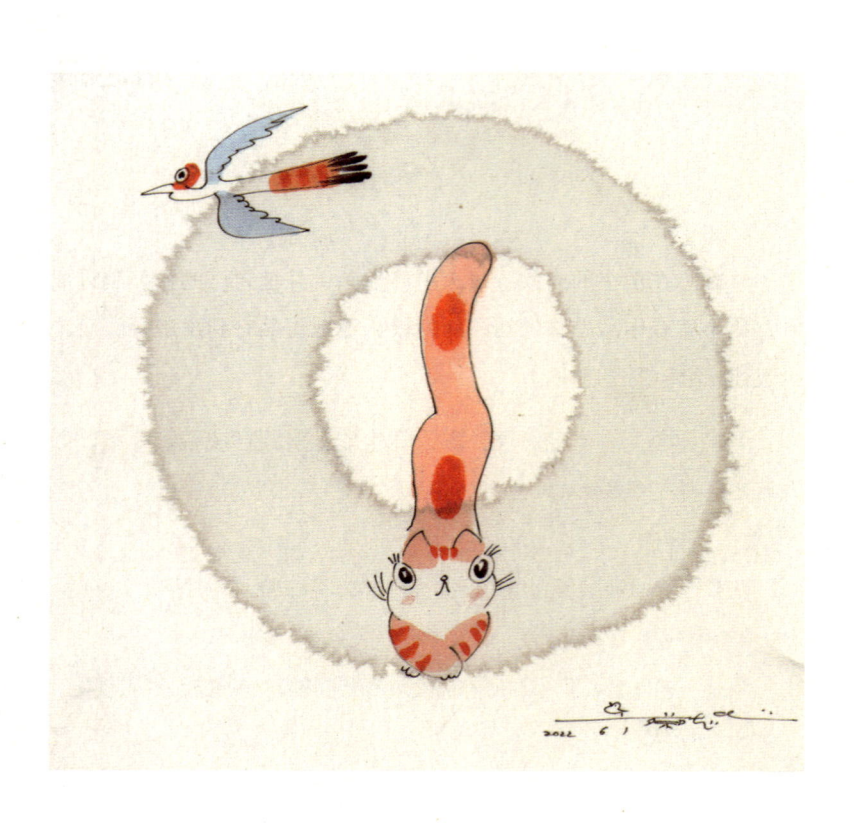

35

做事要有计划表

蔡志忠的女儿蔡欣怡说:"14岁那年,我想独自去日本旅游,妈妈是永远的反对者,我转而询问父亲,他没有反对,但要我提出'计划表'。"

当以后别人就某件事问你行或不行时,其实中间还有一个选项,就是你问他:"你准备得怎么样了?"

1. 如果计划周详,那为什么不去做?
2. 如果计划不够详细,你可以额外补充。
3. 如果完全没有计划,估计他自己也会打退堂鼓。

做选择前,先提问,这是一种很妙的智慧。

第一部分	第二部分	第三部分	第四部分	第五部分
01	**02**	**03**	**04**	**05**
成事的方法	自己的看见	心情的关照	孩子的影响	价值的思考

02

自己的看见

"人要想获得成功,就要安静专注,看见自己。"

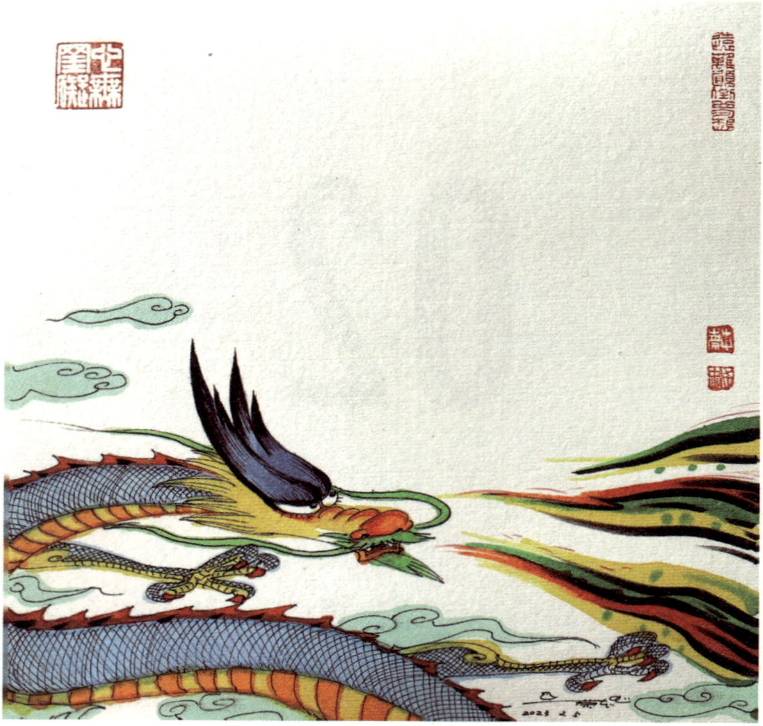

36

看见自己

蔡志忠说："人要想获得成功，就要安静专注，看见自己。"

看见自己，这4个字在当下有着非常强大的指引作用。

1. 不要只看到别人有的，更要看到自己有的。
2. 不要总是在意别人的看法和建议，更要知道自己要什么。
3. 不要看别人做什么，你也做什么。每个人找到自己擅长、喜欢的才是真正地看见自己，而不是什么赚钱就去做什么。

37

5个步骤帮助你找到自己

蔡志忠说:"孩子到学校学习不是为了成绩、文凭,而是为了帮助孩子找到自己,培养每个人的独立思考能力。"

如何帮助孩子或自己找到自己?

问孩子/自己5个核心问题。

1. 什么事是你真正喜欢的?
2. 做什么事,你会忘了时间?
3. 做什么事,你不会感觉累?
4. 做什么事,哪怕不给你钱,你也愿意卖力干?
5. 做什么事,哪怕没有人给你反馈,没有人给你掌声,你也无怨无悔?

回答完这5个问题,找到那件事,就找到了自己。

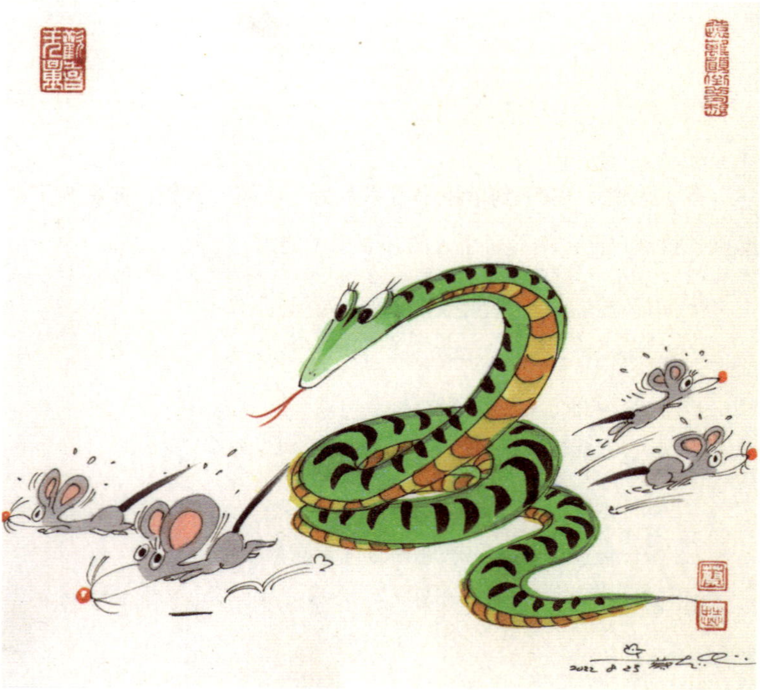

38

把缺点变成特点

蔡志忠每次在跟人合影的时候，都会把自己的礼帽戴上，用他自己的话说，"是为了遮丑"。

其实没有人觉得他丑，反而觉得他很不一样，这折射出另外一种人生哲学，那就是当你把一件事做到巅峰之后，你所有的缺点，都会被人理解为特点。

蔡志忠老师是漫画大师，穿衣风格十年如一日，都是统一的，甚至鞋子都是破旧的。

但是这样坚持下去，就是一种视觉品牌，有一年蔡老师还被杂志评为"时尚先生"。

所以不要总是看自己的缺点，而是要努力发挥自己的优点，最后让缺点都变成特点。

如果你没有优点，你的缺点会被人无限放大。如果你有一个突出的优点，你所有的缺点都会被人重新解读。

蔡志忠的100个成长智慧

39

不被别人定义失败

蔡志忠不认为被人拒绝是他的失败,他说:"如果我确定那件事是对的,我也做了对的事,但对方不答应,我不认为那是我的失败。"

如果他想追求某位女孩,他一定会第一时间表白,不管她是否答应。

很多人通常怕被拒绝,不敢行动。蔡志忠善于反向思考,他说:"她say no(说不),为什么不是她的失败呢?二十年后再来看结果吧。"

所以,我们的一生都不需要被别人定义失败,我们要活在规则之外,不被人随便定义。

什么样的人生是失败的人生?

1. 没有为自己的人生全力以赴。
2. 一辈子都没有选择自己喜欢做的事。
3. 总是活在别人的看法当中,没有安静专注,没有看见自己。

飛天神豬
豬頭俠

独立思考的能力

蔡志忠在很小的时候，父亲就经常对他说："报纸乱写，历史乱写，教科书乱写。"

潜移默化，蔡志忠从小就认为，一切事物必须经自己验证后才可信以为真。

蔡老师的父亲从小就培养他的思考力，我们也要培养孩子乃至自己独立思考的能力。

1. 听来的事情，不一定是真的。持有这样的想法，你就不会人云亦云。

2. 自己亲眼看见的，也不一定是真的。持有这样的想法，就不会被眼前的事物所蒙蔽。

3. 对看见、听见的事物要不断去验证，而不是简单的拿来主义；长期坚持下来，你就会有真正的思考。

飛天神猪

41

多多自省

蔡志忠说:"严格来说,只有不好的教育制度、不好的教科书、不好的老师,没有不好的学生。"

我们要有一种思维,那就是要多从自己身上找原因。

1. 如果你是一名父亲,你就问:为什么这个事情我说了这么久,孩子还是改不掉?

2. 如果你是老板,你就问:为什么这个细节我强调了这么多次,大家还是总出问题?

3. 如果你是老师,你就问:为什么这个知识点我教了这么久,他还是学不会?

当你长期这样问下去,不管别人怎么样,至少你自己会在头脑里想出更多解决问题的方法,而不是只有一堆抱怨。

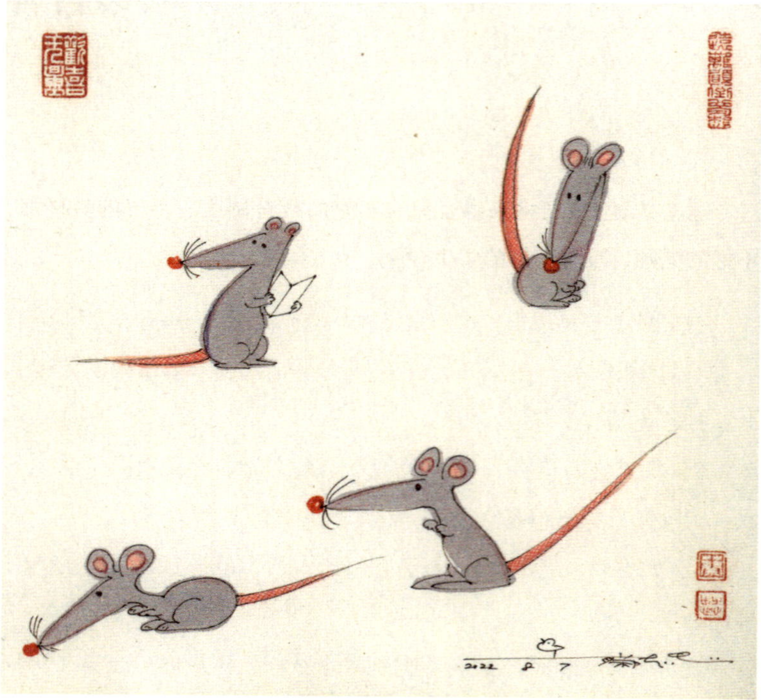

42

分清必要的、需要的、想要的

蔡志忠年轻的时候接了很多的订单，因为他的努力，所获得的成果远远超过同行公司。

他的订单越来越多，多到没有办法按时完成。他在反思，为什么自己每天花的钱很少，却要贪心赚那么多钱？

最后他给客户打电话，给对方两个选择，要么允许自己延后，要么退款给对方。

人生在世，要分清楚必要的、需要的、想要的。

1. 必要的。没有它，你的生活就没办法运转。比如你每天要吃饭，这个是必要的。

2. 需要的。你每天不仅要吃饱，还想吃得有营养；不仅要穿得暖，还想穿得好看。这个就是需要的。

3. 想要的。你不仅要吃饱，还要吃得有营养，更想吃山珍海味；不仅要穿得好看，更想穿名牌。这个就是想要的。

很多人终其一生都活在欲望里，活在想要的东西里，而忘了自己真正需要的其实并没有那么多。

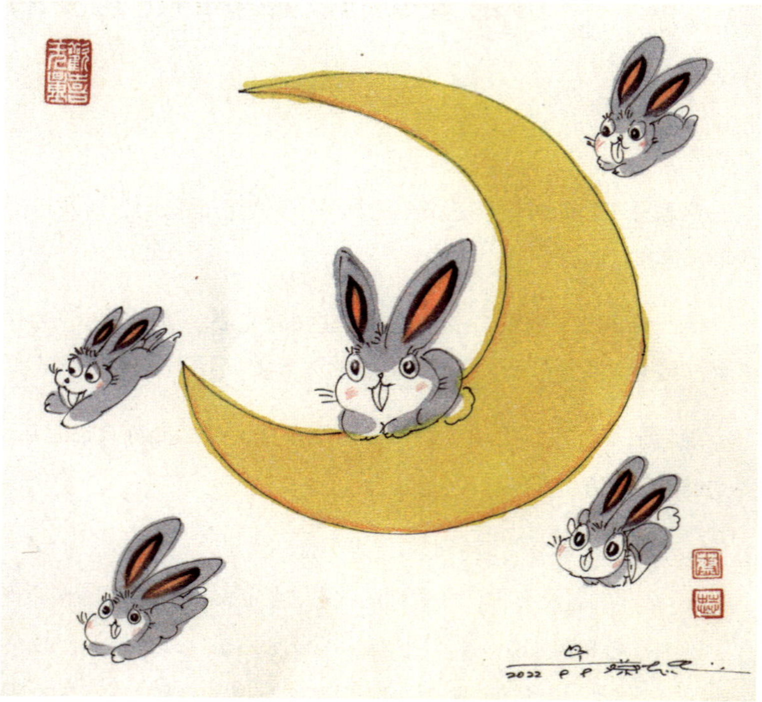

43

给自己定规矩

蔡老师的助理啤妹说:"蔡老师买古董从来不砍价,而且你也没机会再报价第二次。你报价出来后,蔡老师如果满意就会买,不行就算了。这时候即便你再降价,蔡老师也不买。因此大部分给蔡老师报价的人,往往都会给出一个非常合理的价格,因为他们也怕错失这个大买家。"

所以,别人怎么对你,其实都是你教他的。

如何让自己活出想要的生活?

1. 给自己定规矩,让别人清晰知道自己的想法。在你这里什么事能做,什么事不能做。

2. 要活得有边界感,与其让别人跟你发生冲突后再不爽,不如一开始就定好规矩。

3. 一旦别人突破了你的边界,你一定要马上表态,不然别人会认为你的规矩都是表面的,自然也就不会尊重你。

就好像蔡老师,他的规矩就是你只能开价一次。如果对方开价一次,蔡老师不满意,对方大降价后,他立马接受了,那蔡老师还能是大名鼎鼎的蔡志忠吗?

92 　 蔡志忠的100个成长智慧

44

古董的价值

我去蔡志忠家里,他带我参观古董。路过一尊佛像时,我问这尊佛像多少钱,他说买的时候几十万,现在价值几百万。

我问为什么。

他说因为佛像在他家。

蔡志忠这一句话,让我深刻领悟到一件东西有三重价值。

1. 物品本身的价值。

2. 在哪里展览过,给物品的背书。比如一个古董(非国家文物),它在省级博物馆是一个价,在国家博物馆是另外一个价。

3. 被谁拥有过。一件再普通不过的物品被一个不普通的人收藏过,甚至在很重要的地方一直摆放过,那么它也会随之变得不普通。

所以,归根结底,最重要的永远是人。当你重要了,什么都变得重要了。

45

活在当下，多看机会

蔡志忠说："买房不要看过去，而要看将来。不要总是懊悔过去半年涨了多少钱，自己为什么没有买。放平心态，你永远不会买到房子价格的最低点，也不会买到最高点。"

少把注意力放在"错过"上，多把注意力放在"机会"上，因为真正的错过是算不过来的。如果你足够闲，有时间去算计的话，你会发现，自己可能错过了一大片机会。

面对已经错过的，不用为此消耗情绪。不要活在过去，而要活在当下。

多看看未来有什么机会，少看这件事你已经错过了多少。

长期坚持下来，你会培养出一种更加积极健康的心态。

46

确定性

蔡志忠上学时，在学校养成了一个特殊的习惯，每次考试之前，他都会事先计划好由哪一天开始认真复习。当时间到来时，他会把每支铅笔削尖，并布置房间。他还会去洗澡，郑重地沐浴净身后，才全力以赴地专心复习。

人的恐惧来源于不确定性，而生活中恰恰充满了不确定性，所以高手都习惯给自己在不确定的过程中创造确定性，确定性是有力量的。

邓亚萍在打乒乓球时特别喜欢在打之前吹一下球，给它注入一口"仙气"；博尔特每次在跑100米前都会在原地做一些特殊的手势。

这些动作本质上并不会提高他们的竞赛分数，却会给他们增加确定性，增强信心。

我本人每次在上课前，都会习惯向学生们深深鞠一躬。

鞠躬后，身体就会告诉大脑，现在正式进入讲课状态，现在一切都在我的掌控之中，这就是我的主场。

赶紧设计一个能给自己带来确定性的习惯吧！

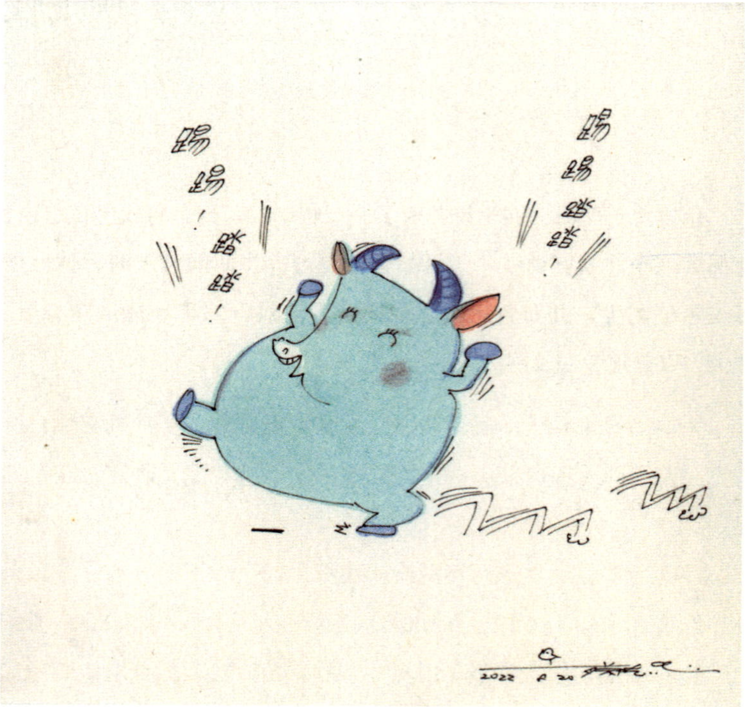
踢踢！踏踏！
踢踢踏踏！

47

人生的那把刷子

蔡志忠说:"及早找到人生那把刷子,靠它你就能立于不败之地。"

那么该如何找到人生的刷子呢?

1. 做自己喜欢的事。
2. 做自己擅长的事。
3. 做社会公认的有价值的事。

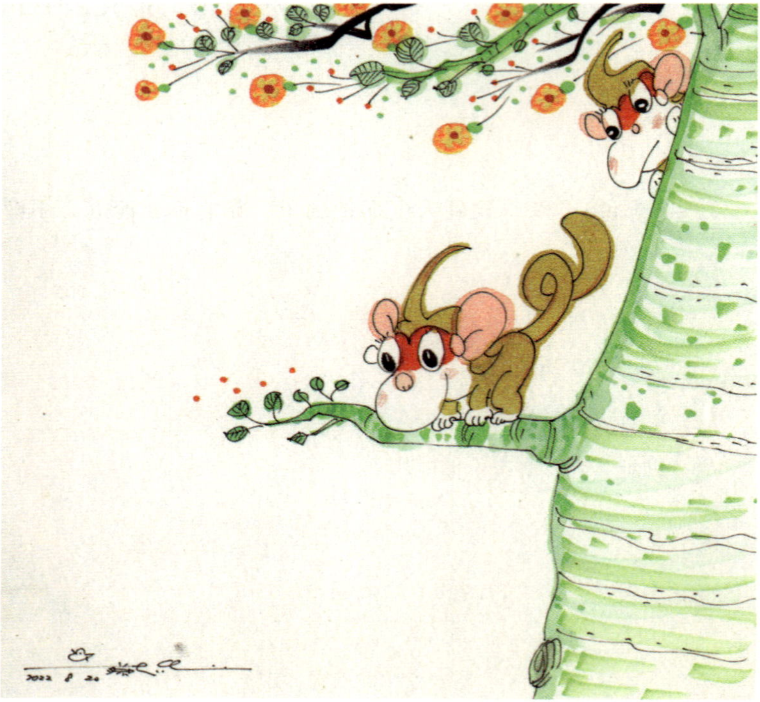

如何克服不敢主动的障碍

蔡志忠说:"我总认为生命苦短,想跟一个人相识,或让别人发现自己的才能,期待因缘际会。可随缘相遇的概率很小,不如亲自行动登门造访,所以我一生多次主动认识一个人,或主动应征求职。"

你想成事,一定要从心动到行动,从被动到主动。

人为什么不敢主动?很多人是怕丢脸,有心理障碍。那么我们如何鼓励自己克服心理障碍呢?

1. 你本来就什么都没有,就算主动后失败,又有什么可怕的?

2. 失败了,你还能总结经验,争取下次成功;不行动,什么经验都没有。

3. 就算一直没有成功,但是你至少尝试了,如果没有尝试,你可能会经常懊悔自己当初为什么没有尝试,然后不断想象如果自己尝试了会有怎样的结果。这种内耗,会伴随你很长时间。

实现梦想的步骤

蔡志忠说:"梦想是需要明确的步骤才能完成的,想要美梦成真,要从梦境中醒来,一步一步去落实。"

实现梦想有三个步骤:

1. 想实现的目标有谁做到了,找到你的对标人物。
2. 和对方的差距有多远,明确你们之间的距离。
3. 哪些你能学,哪些你无法学习,要如何弥补这些差距。

明确自己有哪些因素是无法复制的,如外在、家境、机会等,把注意力放在可以复制的因素上。

蔡志忠的100个成长智慧

50

天才总是自我教育

蔡志忠说:"天才总是自我教育、自我反省。"

自我反省需要经常问自己三个问题。

1. 我做对了哪些事?
2. 哪些是因为我的实力?
3. 哪些是因为运气、平台和人脉?

不只是做对的事情,没做成的事情也可以用这三个问题来反思。深度反思这三个问题,你的自我教育就会越来越好。

51

为什么你要敢于提钱

很多艺术家都不好意思谈钱，但是蔡老师经常跟别人谈钱。我记得我第一次邀请蔡老师办画展的时候，他马上就说："我可不是去单纯办画展的，我是要去卖钱的。"

为什么要敢于跟别人聊钱呢？

1. 这是一种自信的表现，你不敢聊钱，其实是害怕自己提供的价值跟价格不匹配。

2. 如果总是不聊钱，但是心里又想跟对方主动提，这样很容易陷入内耗。

3. 你总是觉得提钱会让人觉得你很现实，你过于在意别人的评价。其实别人觉得你是否现实，不由你提不提钱决定，而是由你会不会做人来决定的。

跟蔡老师相处过的人都知道，他非常会做人。他的画很贵，蔡老师经常会送画给拜访他的人。这样，来的客人会非常惊喜。

所以提钱和现实没有必然的联系，你要做的，就是大胆提钱，同时做人做到位，那么你就会有越来越多的朋友。

52

喜欢的事，马上去做

蔡志忠初中二年级的班主任名叫黄界原，上第一堂课时，黄老师走进教室一句话也没说，便在黑板上写了一句话："老黄卖田，给孩子念书。"他又马上将字擦掉，然后有感而发地对班上同学说："读书并不是人生唯一的道路，也不是每个人都能从读书中获得好处。我父亲辛辛苦苦供养我到大学毕业，现在我当老师一个月薪水638台币。而我有个同学只念到小学，在台北龙山寺旁开水果店，一天就能赚300台币。每个人现在就要思考将来要干什么，当你已经决定了自己的人生之路，现在就可以开始做了，千万别等到念完所有的书，大学毕业后才去做！"

黄老师的话让蔡志忠下定决心：只要有机会成为漫画家，便不惜一切代价去实现自己的梦想。喜欢的事就要马上去做。

很多人喜欢想，不是让大家不要想，而是要正确地想。不要想这件事要不要做，而要想这件事怎么才能做好。面对自己喜欢的事，如果你在想要不要做，因踌躇不前而错失良机，最后多半会后悔自己没有去做。曾经有医院统计人临终时最后悔的事，绝大部分人都会很后悔有一件事自己没去做，而几乎很少有人说自己后悔做过哪件事。

呃

信念，想要和一定要

蔡志忠是一个对自己特别狠的人，敢于对自己提要求，而且还是非常严格的要求。

他要求自己画画越画越快、越画越好、越画越贵。

他曾经坐火车从济南到杭州，4个小时的路程，他画了66张画，一张能卖1.5万，总共将近100万。

他为什么能做到？因为他对自己提出要求：他不是应该，而是必须，他不是想要，而是一定要。

当你对一件事情到了一定要的地步，你才能身心合一，排除一切阻碍，对自己提出更严格的要求，从而取得更不可思议的结果。

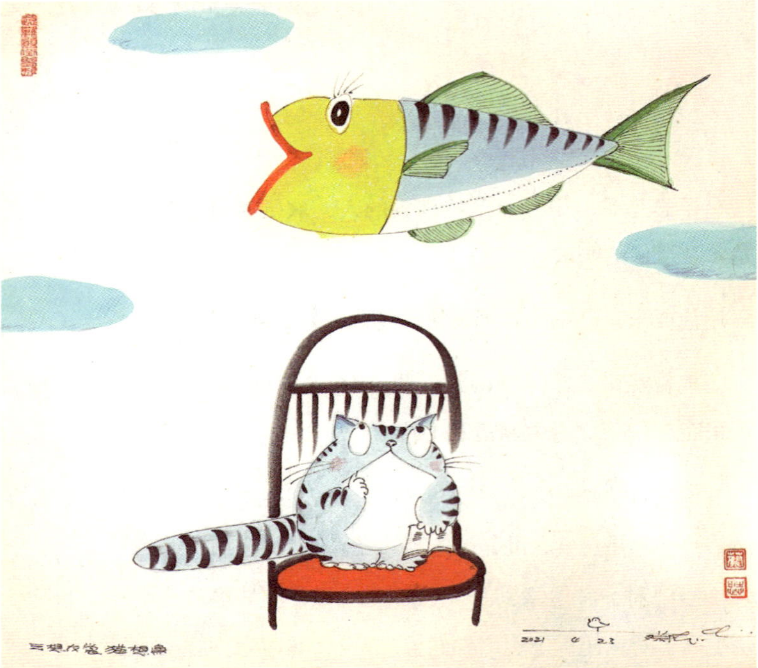
2021 6 23

54

要有好奇心

蔡志忠说:"一定要对这个世界有好奇心。我到现在还维持着四岁半的心态,我会对任何新鲜事物充满好奇。"

判断一个人是不是老了的标准,就是看他是否还充满好奇心。

人有三种年龄:

1. 生理年龄,这个是我们无法改变的。

2. 视觉年龄,很多人通过保养,可以让别人从外在上看不出他的实际岁数。

3. 心理年龄,当你热爱学习并且保持好奇心,那么你就会活出"永远年轻,永远热泪盈眶"的模样。

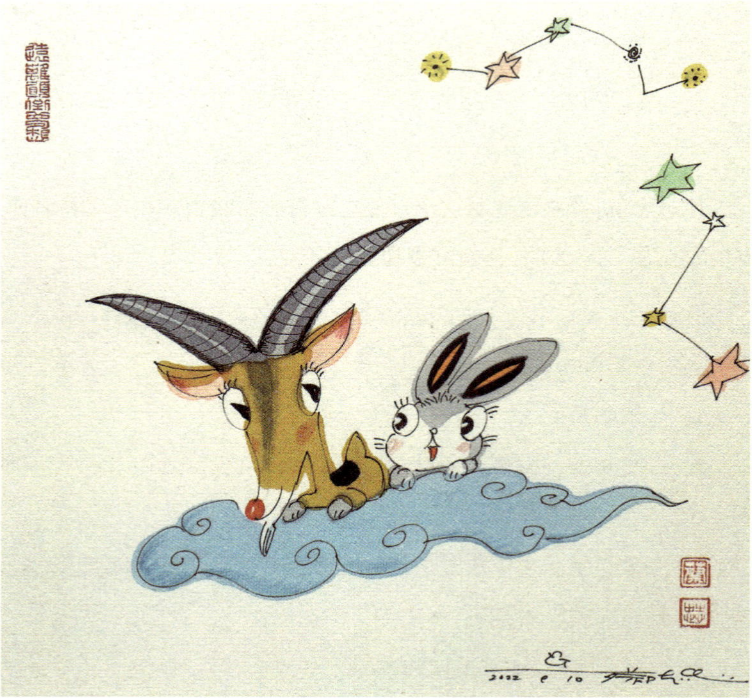

55

一个人的内心有三个自己

蔡志忠说："要知人之前一定要自知，要胜人之前一定要自胜。"

这是我在拜访蔡老师时，他非常认真，并且反复跟我强调的一句话。

我们每个人心中，其实都有三个自己：

1. 自以为的自己；
2. 别人眼中的自己；
3. 真实的自己。

三个自己高度统一，才能算是幸福的人生。

如果不同的自己之间差距很大，那么你会很扭曲。比如自以为的自己是很好说话，但是别人眼中的自己却很冷漠、不好相处。

怎么样才能知道这三个自己是不是统一的？

1. 拿出一张纸，写下我眼中的自己是一个什么样的人。

2. 问身边最近的10个人，家人、朋友、同事，他们眼中的自己是什么样的。

3. 在问的过程中，不管他们说什么，哪怕出现你非常不认同的回答，你也不要解释，你只需要问一下：我做了哪一件事，让你对我有这样的印象？

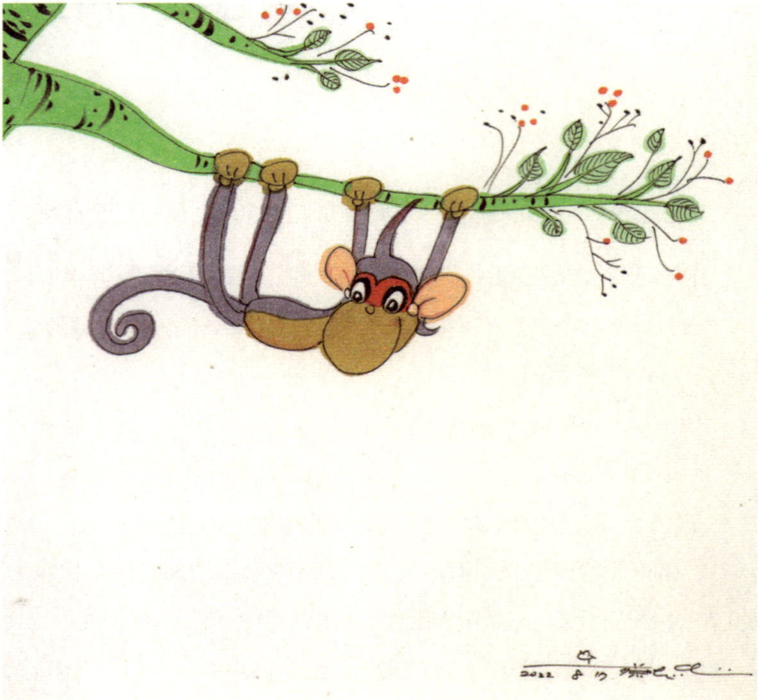

找到独门绝技

蔡志忠说:"天才不必掌握十八般武艺,他只要学习一招独门绝技。"

怎么找到自己的独门绝技?

1. 我喜欢什么?
2. 什么又是我擅长的?
3. 在这些擅长的技术里,哪些价值最大?

这三个问题回答完毕,独门绝技就找到了。

118 － 蔡志忠的100个成长智慧

57

自己不擅长的不要碰

蔡志忠说:"我一生没有碰到过一个难关过不去的情况,因为我做其所能,乐其所做,我不会去挑战自己不会的。一个人要选择自己最拿手的去做,不去碰自己不熟的、不会的,这样就不会碰到挫折。"

很多事情,你当作兴趣爱好没问题,但是一旦要上升到做事的角度,那就要慎重。在事业上,尤其是在投资上,不要碰自己不懂的。

紧紧地守住你的钱袋子,不要被无情地割韭菜。把钱投入到你真正热爱的、擅长的、有价值的事业上,投入到让自己成长的赛道上。

很多人就是贪心,当你在牌桌上,你没有发现哪个人像会输的样子,那么你可能就是那个要输的人。

蔡志忠的100个成长智慧

知道就是知道

蔡志忠跟学生分享过一个故事。

学生问老师："什么是世界上最小的物质？"

老师说："抱歉，我不知道。"

学生问："世界上什么东西最长？"

老师说："抱歉，这我也不知道。"

学生问："世界是由什么所构成的？"

老师说："抱歉，这我实在不知道。"

学生失望地说："唉！今天什么都没学到。"

老师说："不不不！你今天学到一节非常重要的一课。"

学生问："我学到什么？"

老师说："你学到不知道时，要说不知道！"

说知道，需要知识；说不知道，需要智慧和勇气。

首先，你说不知道，别人并不会笑话你。其次，当你真正面对不知道时，你才能真正面对自己需要去提升的部分。最后，不知道却硬说知道，那你为了圆一个谎，后面就需编很多个谎言来支撑。

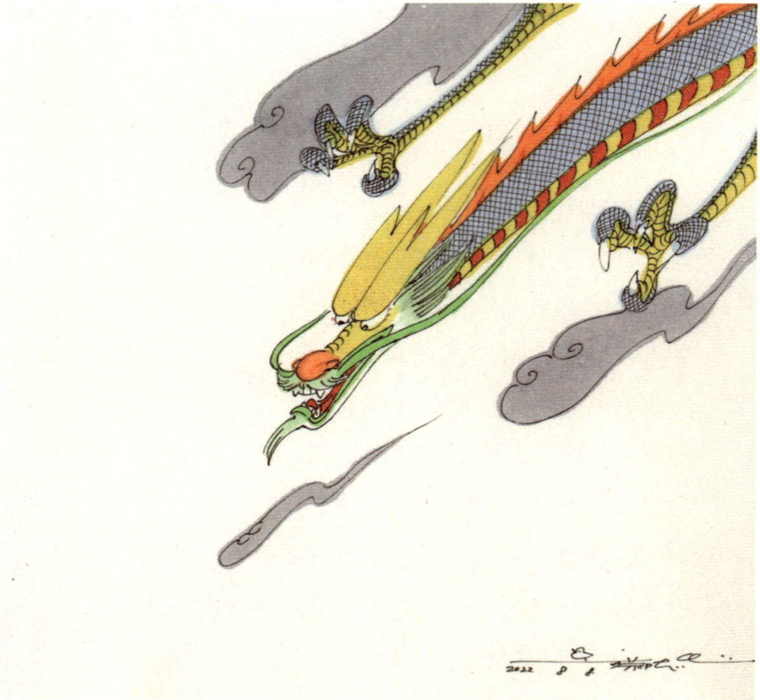

59

自己就是名牌

蔡志忠早已实现财富自由,在我认知中,这样的人,至少应该搭配价值百万的轿车,但直到我去他家拜访时才发现,他现在的车居然是一辆12万的电动车,走到哪里都是开着它。

面对大家的不解,蔡志忠说:"人家认的是我这个人,又不是这辆车。"

把自己打造成最大的品牌,你走到哪里都出彩。

蔡志忠经常跟学生强调:"你不需要靠名校和文凭来证明你自己,你要想的,应是这所学校因为有我的存在而更有名。"

不是我戴的这块手表有名,而是我戴过它,它更有名。你不用靠拿奖来证明什么,而是要让这个奖因没有你的出现,而无法成为业内最好的奖,甚至有些奖要用你的名字命名。"蔡志忠漫画奖"就是国内唯一以大师名字命名,专注于漫画创作领域,旨在褒奖领域内年度最杰出漫画作品的国际性专业大奖。

背后的底层逻辑,是因为有我,所以他更好,而不是我因为有他而变得更好。

后者的思维,会让你长期追随别人;前者的思维,会让你长期把重心放在如何强大自己上。

第一部分	第二部分	第三部分	第四部分	第五部分
01	**02**	**03**	**04**	**05**
成事的方法	自己的看见	心情的关照	孩子的影响	价值的思考

03

心情的关照

"我不会去讨好任何人,我只会专注自己的事情。"

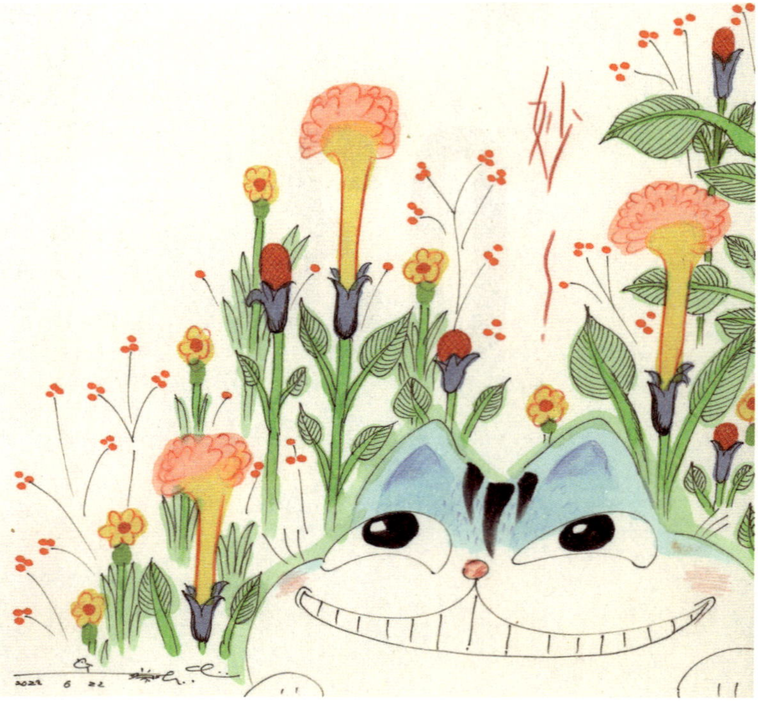
妙

60

摆脱制约

蔡志忠喜欢独处，享受思考，他说创造必须摆脱所有的制约，否则你的创造力只是一种拷贝，一种复制品。

我们要在生活中尽可能摆脱以下三种事物：

1. 消耗你精力的人

跟他们在一起，你感觉非常累，特别想逃离。跟这样的人，要果断保持距离。

2. 耽误你时间的事

有很多琐碎的事，其实可以不做，一定要全部砍掉，大大节省自己的时间。

3. 给你造成影响的事

有没有什么事一直影响你工作？

我在深圳工作时，感觉租房子特别影响我工作，还要打扫卫生，同时我又经常出差，没怎么住，房子租得不值。后来我就把房子退了，在深圳的时候，就每天住酒店。出差了，也不会有任何的烦恼。

从此之后，我工作效率都特别高，因为我把对我造成影响的事从我生活中剔除了。

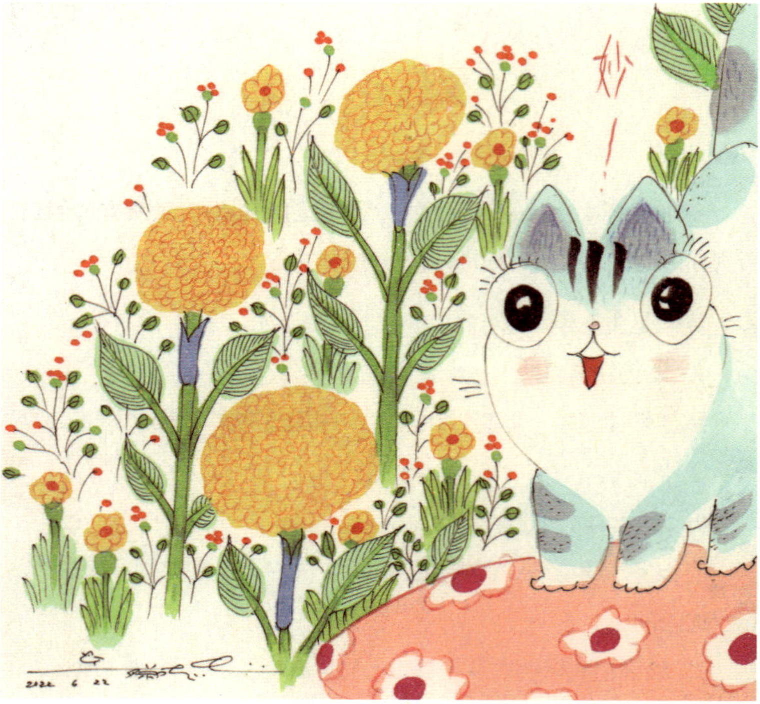
妙！

61

不解释

蔡志忠说:"所有世人对我的评价,我都不会理会,更不会解释。艺术家创作的第一个门槛,就是横眉冷对千夫指,我才不会在意这些评价。所以你是赞美我或是贬损我,都跟我没关系。"

想要活得洒脱,最核心的就是不解释。

世间很多事,你都没有必要去解释。每一个解释的背后,你的动机其实都是在期待获得对方的认可。所以你越解释,表面上看事情越好,实际上你的心态越糟糕。

你需要给你自己一个合理的解释,让自己清楚自己走的每一步是为什么。

你唯一需要的是自己的认可,而不是别人的认可。

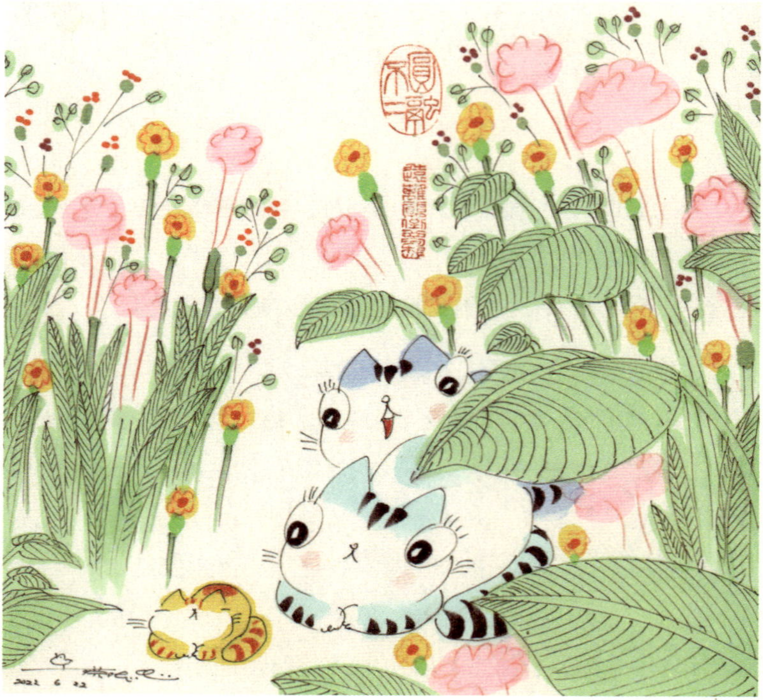
2022 6 22

不讨好任何人

蔡志忠说："我不会去讨好任何人，我只会专注在自己的事情上。"

这个社会的本质是价值交换，别人不会因为你好说话而跟你在一起，但会因为你强大而跟你在一起。

当你意识到这一点之后，你就会把时间拿去强大自己。

当你能为别人提供足够多的价值，当你足够强大以后，哪怕你几乎不社交，每天排队找你的人也是爆满。

蔡志忠就是每年给自己定规矩的人，他一年见人的次数是有限的，离开杭州的次数也是有限的。

一旦达到了自己见人的次数后，不管对方多大牌，他都不见。想见的话，就提前约明年的档期。

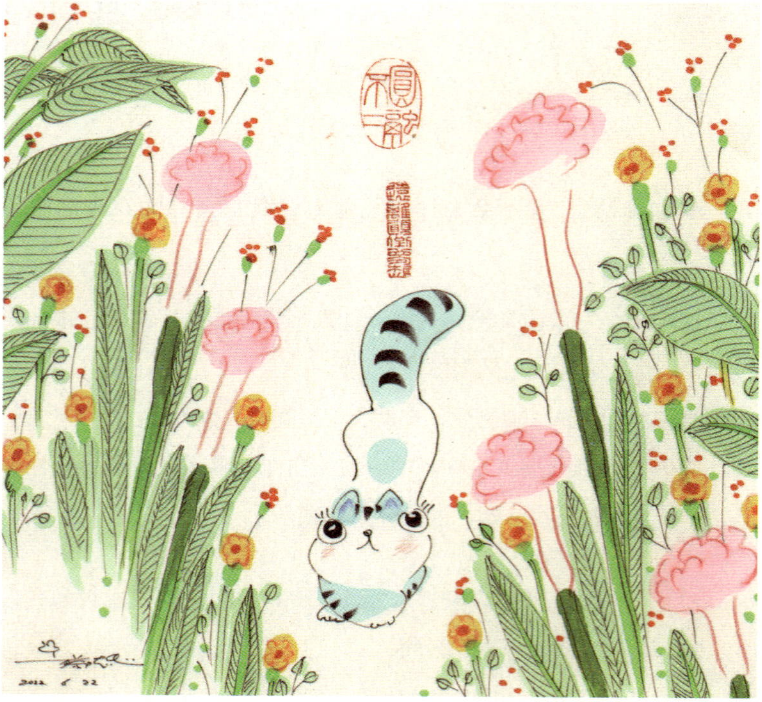

63

不要有限制性思维

蔡志忠说:"让子女成为天才,首先得纠正父母的观念。一对有着错误观念的父母,无法培育出'天才小孩'。"

不管我们做父母还是做领导,都不要对孩子或下属有限制性心理暗示,比如总是说:"你不行……你不能……你做不到……"

如果你自己脑海里都经常跟自己有这样的对话,你可以从三个角度去反思:

1. 这句话是什么时候植入的?
2. 为什么我当时会觉得它是对的?
3. 这句话是谁给我植入的,他就一定正确吗?

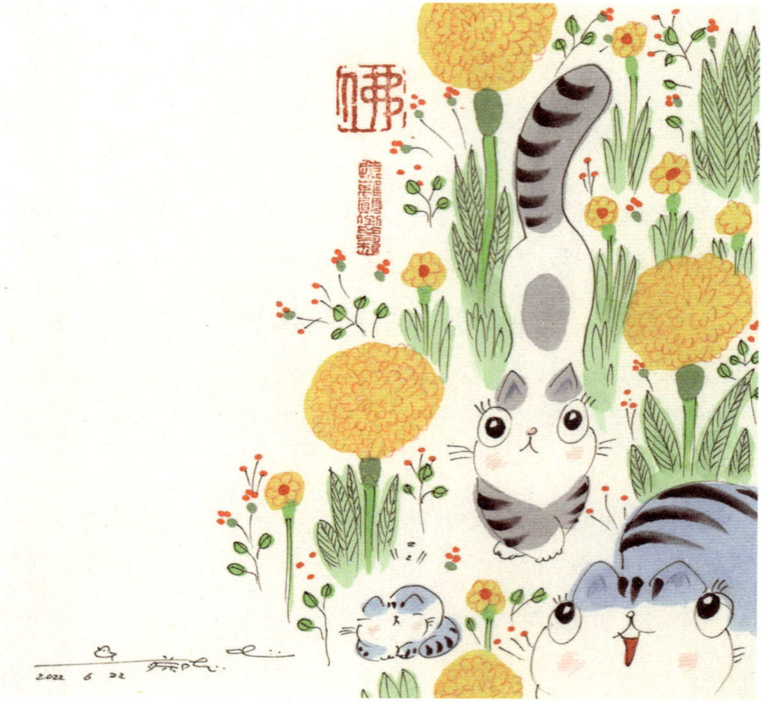
2022 6 22

64

烦恼皆菩提

蔡志忠说:"没有困境,就没有顿悟。"

很多人面对困境,都是抱怨、生气、烦恼、无奈……

毕竟人生在世,谁都有不开心的时候。而我的心态在长成中,有三种层次的变化。

1. 以前每次碰到不愉快的事情,我的第一反应都是:气死我了!

2. 慢慢成熟后,懂得问:"为什么这件事会发生在我身上?"

3. 常常与高人为伍之后,碰到不愉快的事我都会问自己:"这件事教会我什么道理?"

所以,以后每次遇到烦恼的时候,就跟自己说:"我要长智慧了,突破了以后,我就会成长。"

烦恼皆菩提,困境皆智慧。

蔡志忠的100个成长智慧

65

反派心态

蔡志忠说:"无论碰到什么样的悲欢离合,什么样的不如意,记得保持身心安顿。当我们遭遇到厄运,不要急,明天还是要过日子。"

我见到过的绝大部分高手,不管是哪个行业的,他们都具备一个特质,就是在面对苦难的时候,有一种积极向上的心态。

如果你面对困难,在心态上就先崩了,那么你就真的输在起跑线上了。

不是解决了问题,心情才好,而是心情好,才能解决问题。

我还挺想给大家推荐一下电影里的反派心态的。

反派正在干坏事,突然警察来了,他们的第一句话往往不是"天啊,怎么警察会来",而是会笑着说:"事情又变得有趣多了……"

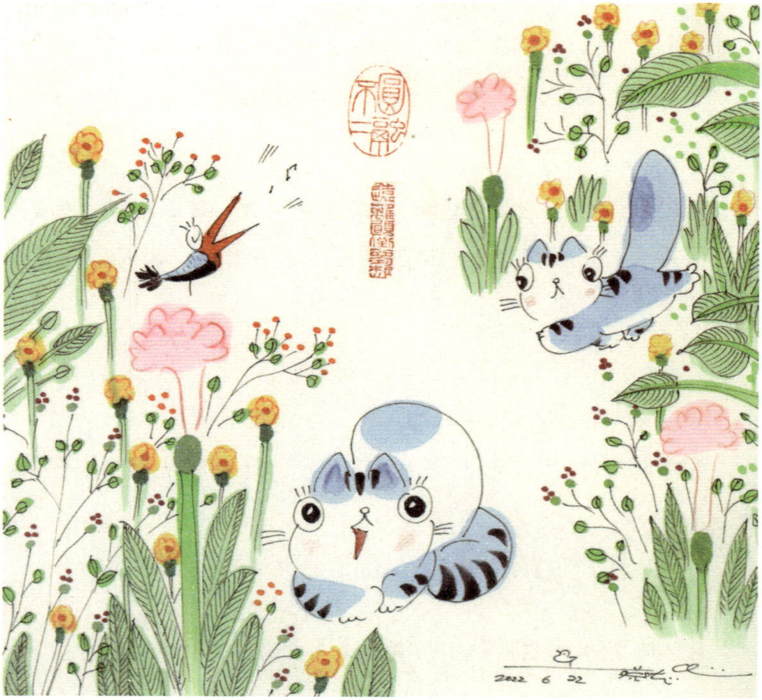

66

改变诠释

蔡志忠说过:"如果拿橘子比喻人生,一种橘子大而酸,一种橘子小而甜。一些人拿到大的,就会抱怨酸,拿到甜的,就会抱怨小。我拿到小橘子,会庆幸它是甜的,拿到酸橘子,会感谢它是大的。"

自我沟通的至高境界:正向思考,改变诠释。

我们无法改变一件事,但是我们可以改变对它的看法。

1. 凡事都有两面性,多看你获得了什么,有什么正面的反馈。
2. 多看积极的那一面,至少你的心情会好很多。
3. 心情好了,做事的手感也会好,事情就会重新回到正轨。如果凡事都看消极的一面,必然影响心情,最后导致事情脱离要发展的道路。

关于正向解读有一个经典的案例。

美国总统罗斯福的家曾经失窃,财物损失严重。朋友闻此消息,就写信来安慰他,劝他不必把这件事放在心上。罗斯福总统很快回信说:"亲爱的朋友,谢谢你来信安慰我,我一切都很好。

我想我应该感谢上帝,因为:第一,我损失的只是财物,而人毫发未损;第二,我只损失了部分财物,而非所有财产;第三,最幸运的是,做小偷的是那个人,而不是我……"

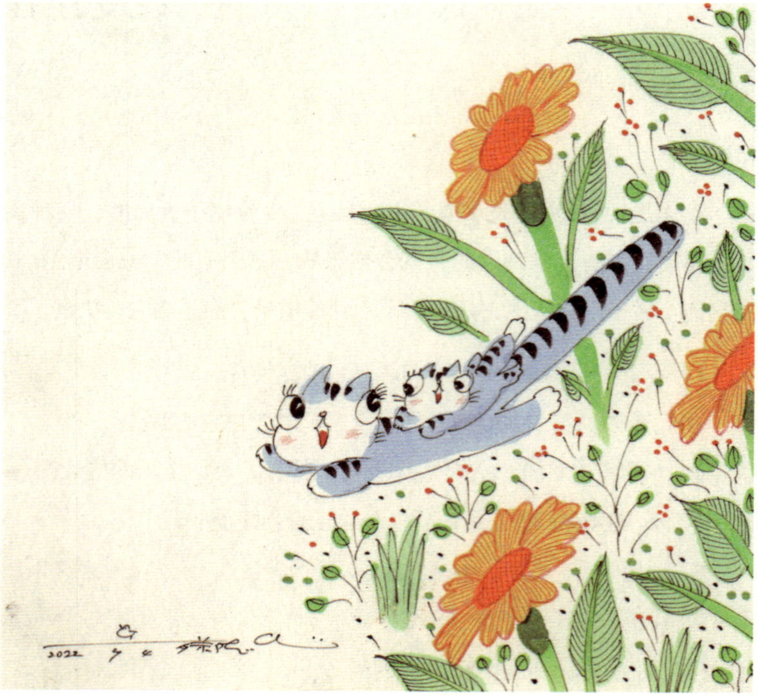

面对批评的态度

蔡志忠说："有人批评我，我也不会去辩解。因为你看到的我，不是真正的我。"

有人批评你，你要知道，只有三种结果。

1. 他说的是对的

如果他说的是对的，那你没必要辩解。把他提的，在今后的日子里改掉就行了。

2. 他说的是不对的

既然不对，还花什么精力去辩解呢？难道我们的实力会因为他的批评而少一分一毫？

3. 他是故意批评的

有些人的批评毫无根据，纯粹就是嫉妒心在起作用，他在某一件事上无法超过你，然后就故意在另外一件事上挑你的刺，目的不是要真正跟你交流，而是要打击你。

当今社会，这样的人大有人在。

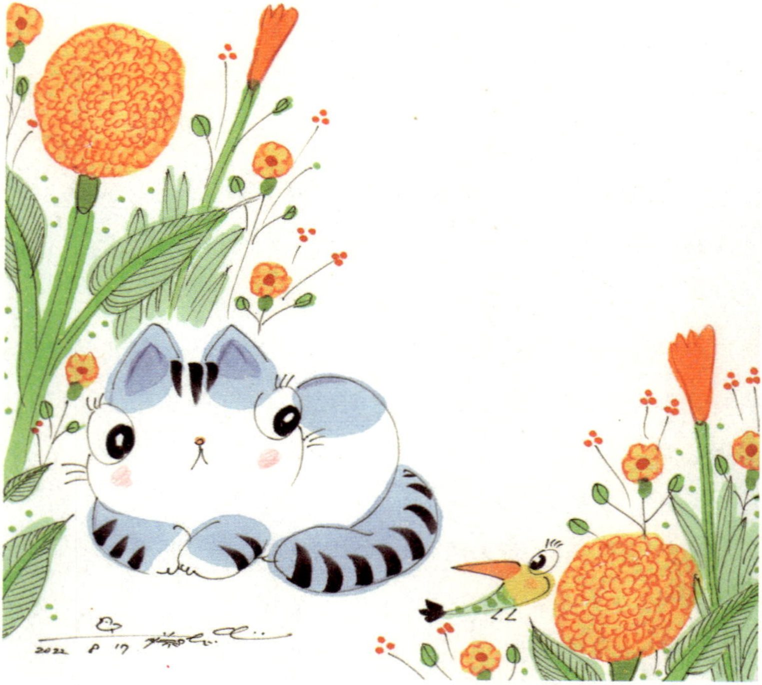

人是夸出来的

蔡志忠与太太有一趣闻,他说:"我因为画画,衣服袖口总会弄得很脏,我太太很会洗衣服,每次都将袖口洗得很白。

我称赞她:'哇,你怎么那么厉害,可以将袖口洗得那么白?'

她为证明自己可以洗得更白,拼命刷,每件衣服的袖口都被她刷破了。所以我们不是因被教导而变会的,我们是因被表扬而变会的。"

与人相处时,你越是希望对方是什么,你就越夸他是什么。

如何夸人?

1. 夸他好。人在受到表扬的时候,总是心花怒放。

2. 夸他哪里好。说他好,并且具体说出他做好了什么,更能增加他的自信,这样他以后会一直把这事做好。

3. 问他为什么能做得这么好。用提问的方式,问他哪里好。这样他自己回答的每一句话,都是在表扬自己的话。

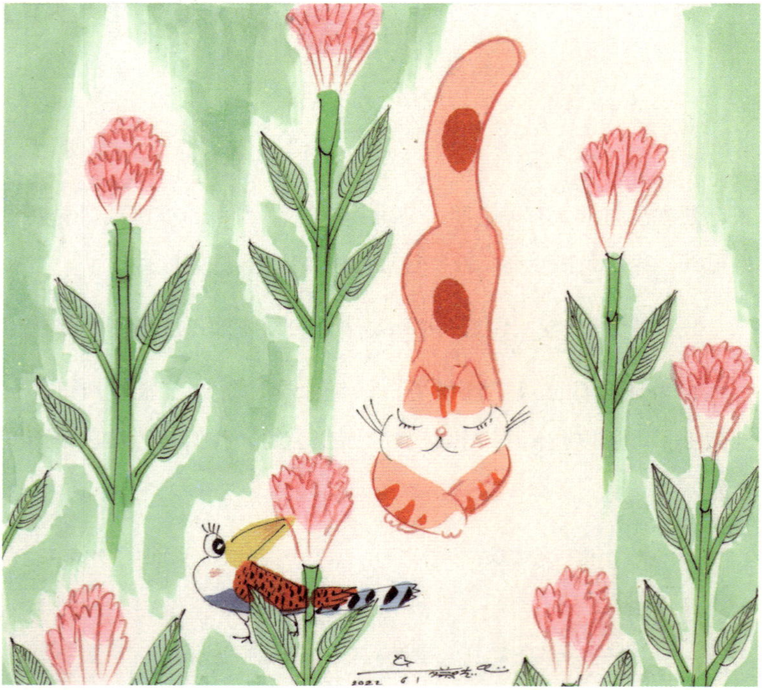

69

谁的情绪谁负责

蔡志忠说:"我一辈子没有生气过,生气就是拿别人的错惩罚自己,我不会生气。"

如果你总是拿别人的错误来惩罚自己,如果你总是非常敏感,那么下面这三句话,你要反复阅读。

1. 谁的情绪谁负责。
2. 谁的问题谁承担。
3. 谁的烦恼谁解决。

你要认清楚,哪些是别人的问题,不要为别人的不成熟买单,别人做错事了,你没必要生气。

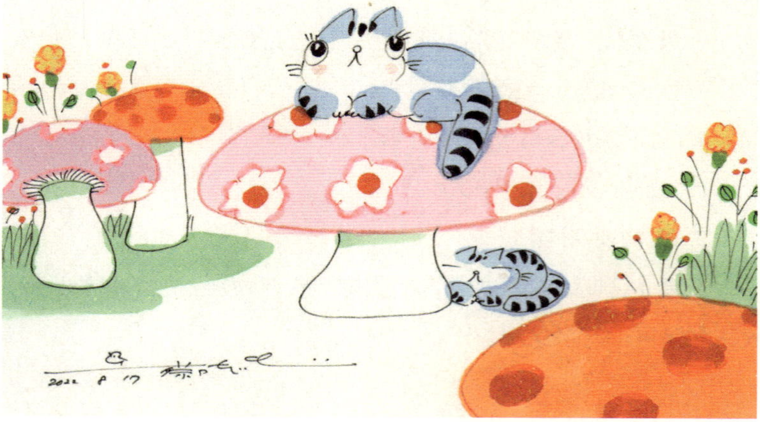

生死之外无大事

蔡志忠说:"如果你不慕名利,人间各种阶级的高低对你都不再是问题。如果你需求少,别人就无法用物质诱惑你。我从小便对外在需求极小,所以才能始终获得最大内在精神自由。"

与其花时间追求名利,不如安静下来问问自己:这一辈子到底要做什么?

你有一天会离开,你的房子会有人替你住,你的钱会有人替你花,你的工作会有人接手。

世界上,只有你自己的感受是真正重要的,其他的都是浮云。

如何能让自己放下对名利的浮躁追求?有三个很特别的方式,也许可以试试。

1. 去医院,跟老人聊天。
2. 去殡仪馆,参加陌生人的告别会。
3. 选好自己的墓地,偶尔去看看,假设自己就在里面,你会对自己说什么。

蔡志忠就早早地把墓地选在少林寺。

这三件事做完,你会明白,什么叫"生死之外无大事"。

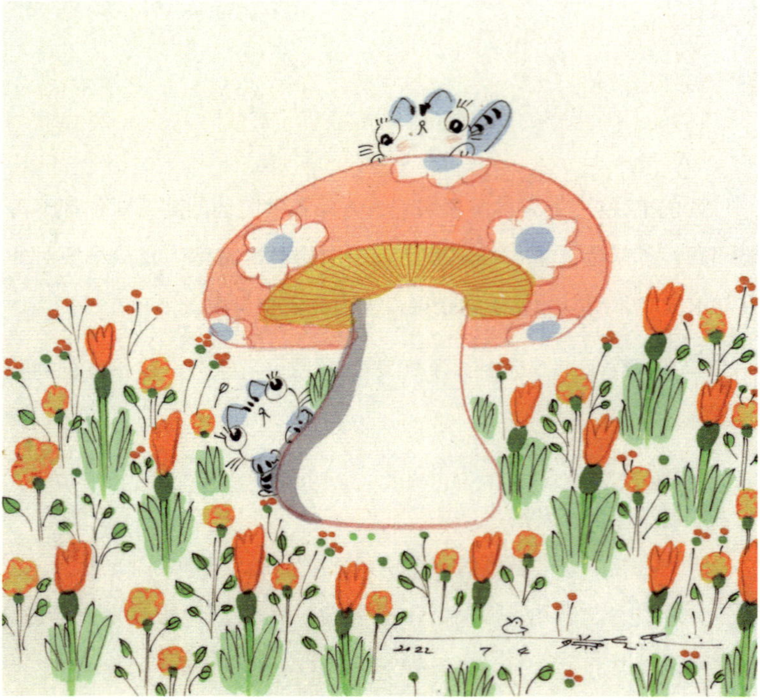

71

睡觉是良药

蔡志忠说:"我天黑了就睡觉,不管睡多久,哪怕我7点睡,8点醒,对我来讲,也算是第二天了。

我非常期待清晨醒来,很多作家都是夜深人静才开始写作,这样是从过去走到现在,而我每天醒来就是新的一天。"

当你做事毫无手感的时候,不妨大胆去睡觉,不要有任何的心理包袱,勇敢去睡,休息是为了更好的出发,醒来以后就是重生。

如果可以,尽量不要定闹钟,因为人被闹钟惊醒时,往往会带有情绪,我们要把这种情绪规避掉。

第一部分	第二部分	第三部分	第四部分	第五部分
01	**02**	**03**	**04**	**05**
成事的方法	自己的看见	心情的关照	**孩子的影响**	价值的思考

04

孩子的影响

父母应该给孩子一些空间,让他成为他自己。爱就是让孩子知道自己无论走到多远,受到伤害后,永远有一个家在背后支撑他。

给够孩子爱

蔡志忠从女儿3岁起就对她这样说:"你是我的女儿,我是你的爸爸,不可选择。就算你犯100万次错误,也不会改变我是你父亲的事实。就算你考100次0分,我也依然爱你。无论你遭遇什么样的麻烦,请第一时间告诉我,我一定是全球70亿人口中最愿意帮助你的人。"

现在很多孩子缺少安全感,甚至缺爱,都是从外边去寻找自己内心的空缺。

大部分的父母说你再怎么怎么样,你就不是我的孩子,我就不要你了。这样只会让孩子想逃离你。可以尝试多跟孩子讲:"不管发生什么,我都会陪着你一起度过。"

家里的爱给够了,他就不会向外要;家里的爱给够了,他就有信心在外面闯荡;家里的爱给够了,他甚至还有更多能量去爱别人。

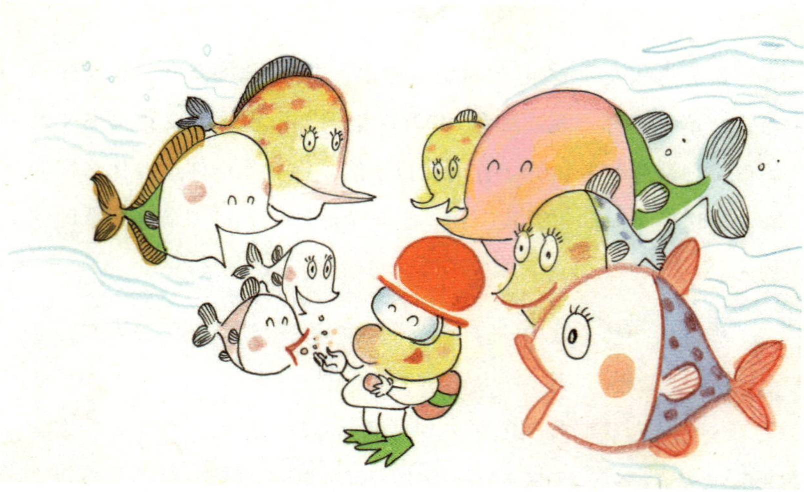

爱是我可以为你做什么

蔡志忠说:"父母应该给孩子一些空间,让他成为他自己。爱就是让孩子知道自己无论走到多远,受到伤害后,永远有一个家在背后支撑他。"

很多父母都经常打着爱的名义,跟孩子说你应该好好读书,你应该做个乖孩子,你应该……

其实,真正的爱不是你应该做什么,而是我可以为你做什么。

多想想你可以为他做的,让他感受到你的爱,而不是天天想着孩子应该做的,让孩子感受到你的压迫。

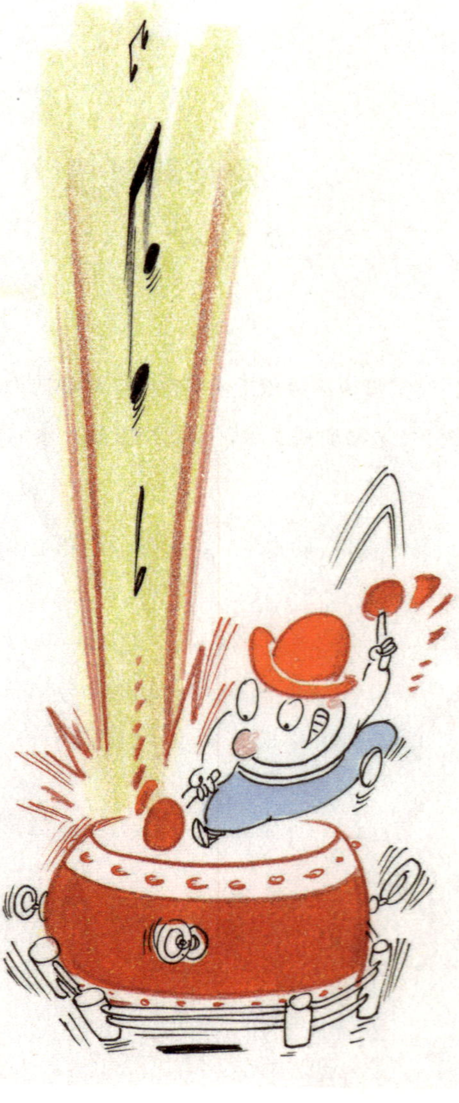

74 让孩子敢犯错

蔡志忠说:"中国台湾西门町有一个西瓜大王,他爸爸去世三天后,他就把家里的东西全部输光,他之前从来没有赌过。这个故事告诉我们,很多小孩在犯错的时候,有时候是好事,是一次成长的机会。小时候犯错及时改正,这个代价要远小于长大后犯下大错再改正。"

为什么从小就要给孩子输入"敢于犯错"的观点?

第一、路径

你要知道,犯错是人成长的必经之路。

那种一直都活在"正确",所谓完美的人,身心会很累,要一直维持这样的人设。

第二、反思

人犯错后所积累的反思,往往比成功后积累的经验更宝贵。因为成功可能有运气,但失败一定是哪里没做好。

第三、品质

一个敢做敢为、不怕犯错的孩子,内心是强大的。

这样他以后犯错了,第一件事不是逃避,而是会来跟你探讨如何改正。

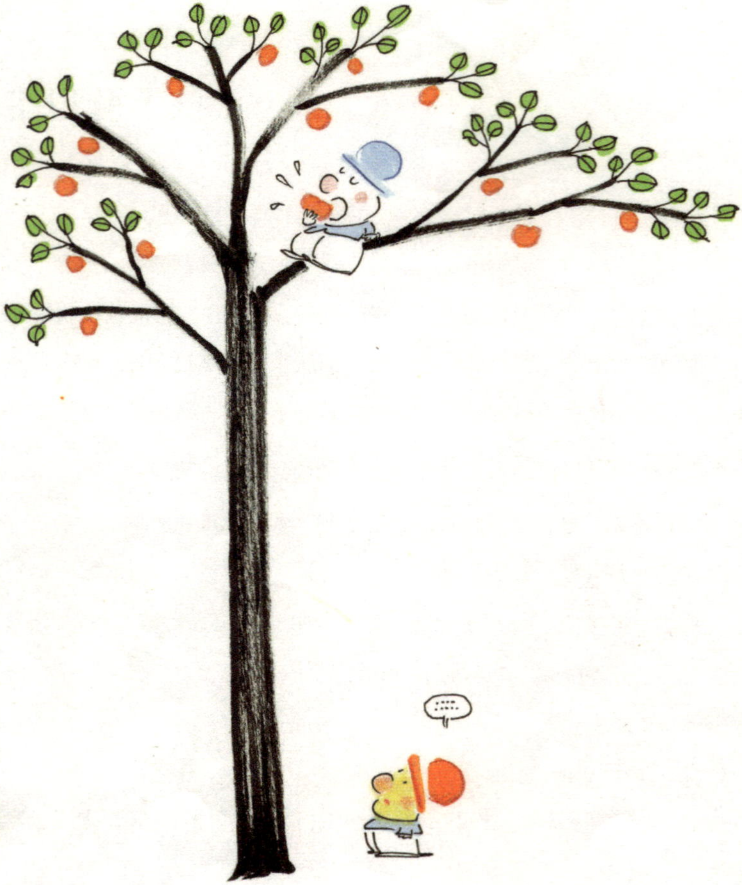

75

不要把焦点放在做错的事情上

蔡志忠说:"不要总是把焦点放在孩子做错的事情上面。"

为什么不要把焦点放在错误上?

1. 人都是在错误中成长的,没有人可以避免犯错。
2. 鼓励他敢于面对错误,面对错误的勇气是无价的。
3. 现在所犯的错误,也许对未来的成长是有益的。

以后如果成大器了,都是可以拿出来分享的故事,因为正是这些错误,才让你有了更精彩的故事。

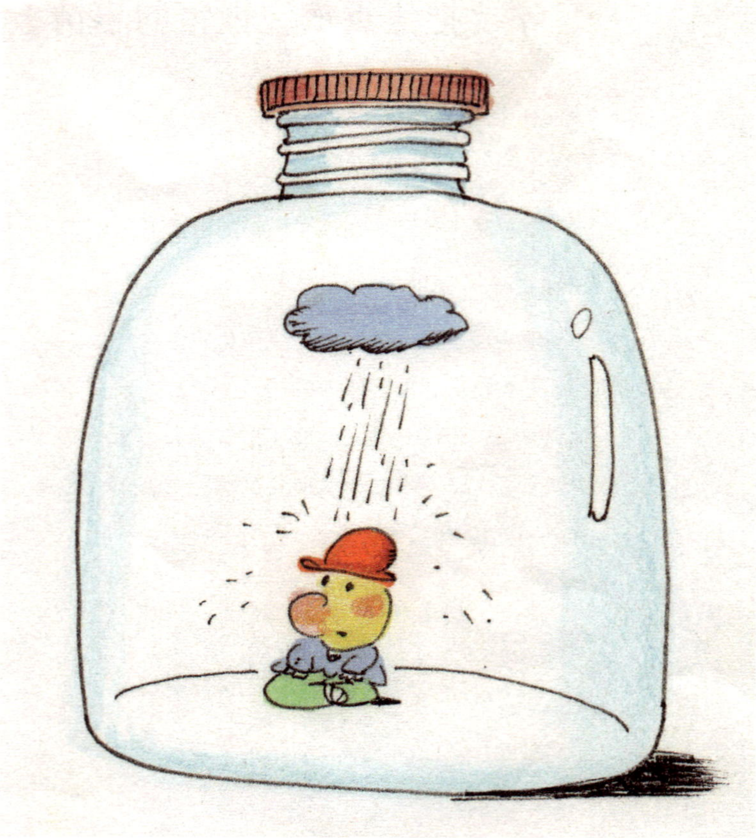

76

为什么不要总是揪着孩子的错不放

蔡志忠说:"正确教导孩子的方法,不是去揪着他犯的错不放,而是鼓励孩子去做对的事。"

为什么不要总是去揪着孩子的错不放?

因为如果你总是去揪着他的错:

1. 他有反弹的情绪;
2. 你看他有情绪,你也有情绪;
3. 他会自卑,感觉一直活在错误当中。

从此之后,他做任何事,骨子里的信念不是"做好",而是"不犯错"。

亚洲棒王

77

天才都是鼓励出来的

蔡志忠说:"天才都是鼓励出来的。"

很多人不懂怎么鼓励,甚至很多人鼓励的方式都错了。

在这里,跟大家分享三大成长型鼓励思维。

1. 鼓励行动,而不是鼓励天赋

A:你真是一个聪明的孩子,这次考了100分。(鼓励天赋)

B:你真是一个努力的孩子,这次为了考试,每天放学后,主动在班级学习一小时,有时还帮同学补习。(鼓励行动)

2. 鼓励过程,而不是鼓励结果

A:你真厉害,这次考了100分。(鼓励结果)

B:我看到你为这次考试做了很多准备。你每天放学主动学习1个小时,有时还帮同学补习。这次考了100分我很为你高兴。(鼓励过程)

3. 鼓励分享,而不是鼓励得到

A:你真厉害,这次考了100分。(鼓励得到)

B:你这次考了100分,妈妈很为你高兴。而妈妈更高兴的是,你在学习的过程中,经常帮助同学一起提高。你有这种助人的精神,妈妈为你感到骄傲。(鼓励分享)

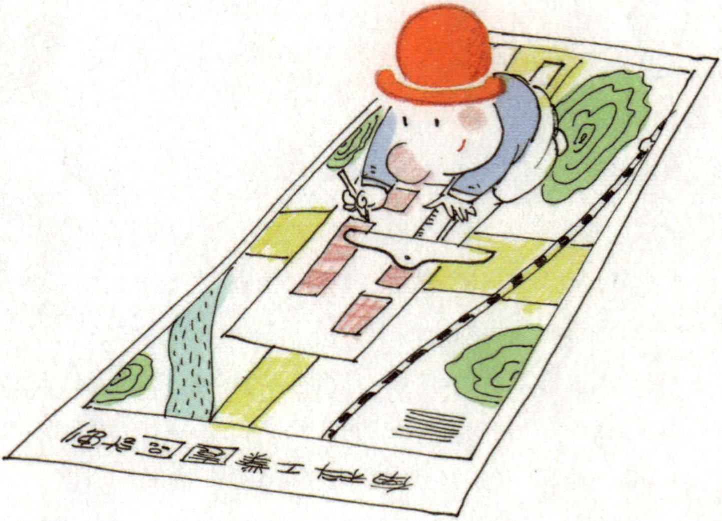

78

多用陈述句

蔡志忠5岁时，他想要去彰化看电影，于是就跟爸爸说："我要去看电影。"他没有问可不可以，因为在家里是不需要求得家人许可的。

"爸爸，我明天要去台北画漫画。"他同样没有问行不行。

多让孩子用陈述句的三大好处。

1. 能培养孩子的自尊心，不要总是看别人的脸色。
2. 能培养孩子的责任心，你既然决定要做某事，就要承担相应的责任。
3. 能培养孩子的判断力，自己的事情，自己的判断，自己决定。

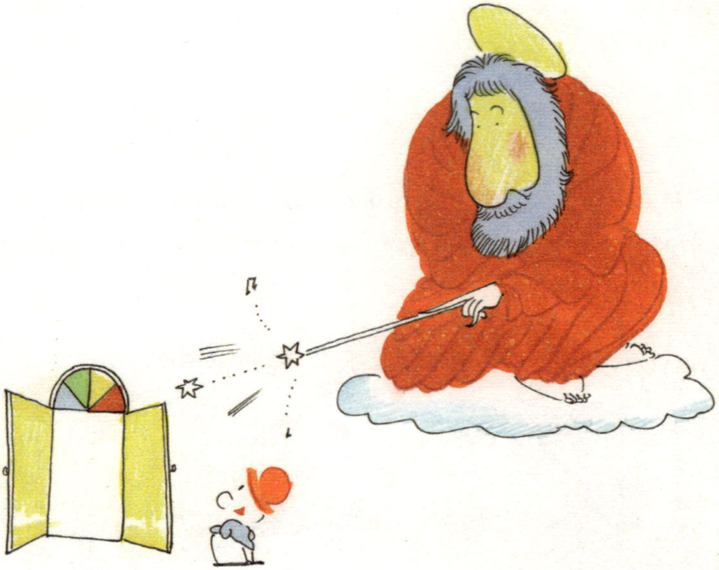

79

开启孩子的智慧

蔡志忠读书时期,每天放学后,第一件事都会跑回家找妈妈分享在学校的故事,妈妈也会跟他进行非常有趣的对谈。这样的对谈,从小就培养了蔡志忠丰富的思考力。

作为家长,与其每天关心孩子的分数,不如跳脱出分数本身,问一些特别的话题,说不定某个话题一下子就能打开他的开关。

你可以尝试问他:

1. 今天老师说了什么?
2. 学校发生了什么新鲜事?
3. 对于这些事,你有什么思考?

蔡志忠说:"每个小孩都是天才,只是有待你将他开发出来。"

好问题,胜过好答案。用问题,开启孩子的智慧。

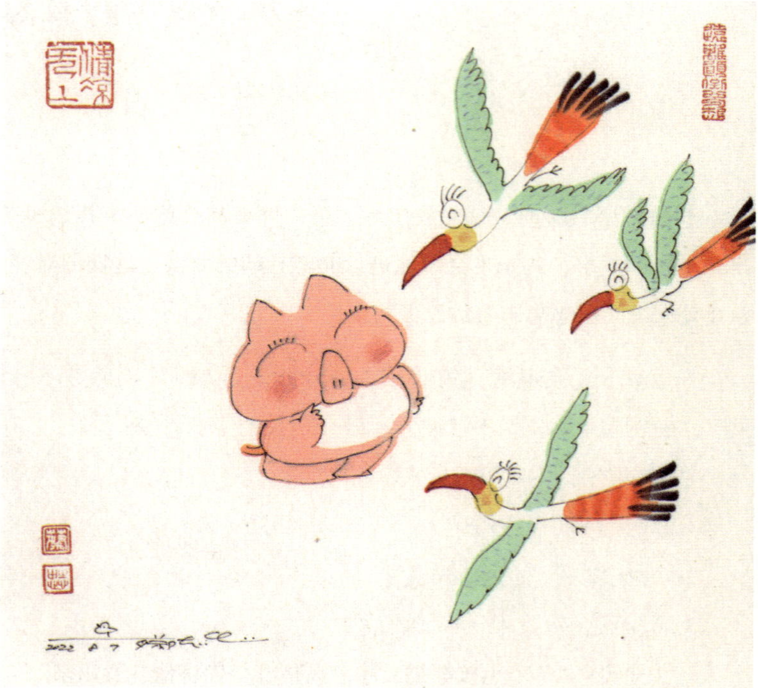

帮助孩子成为他自己

蔡志忠说:"帮助孩子成为他自己,而不是成为复制品。"

为什么我们要努力发展孩子自己的天赋,而不要强行让孩子听自己的话?

1. 你今天的经验应付不了他的明天;
2. 你的框架会限制他看到更广阔的世界;
3. 你要相信,孩子比你优秀,很多人打压孩子就是骨子里利用这种方式发泄自己的不满,以维持自己所谓的家长权威。

好好把一件事做到一流
蔡志忠

多给孩子讲故事

蔡志忠说："我在3岁半就听了将近1000个故事。"

蔡志忠能在漫画上取得这么高的造诣，离不开他丰富的故事储备，我本人也是深受故事的影响。

如果有条件的话，一定要争取多给孩子讲故事。

现在很多人直接拿iPad给孩子看电影，这样其实会限制孩子发挥他的想象力。

1. 听故事能发挥孩子的想象力，像故事里的白雪公主，他可以根据故事的描述，自由地发挥想象力，1000个人有1000个白雪公主的形象。

2. 听故事可以让孩子明白其中的含意，比讲道理有用。

3. 你给孩子讲故事，在这个浮躁的时代，可以有效拉近彼此的感情，讲故事是最好的亲子陪伴。

蔡志忠的100个成长智慧

如何成为讲故事大师

蔡志忠的母亲不识字,所以他从小开始,便经常给母亲讲故事。有时候他发现母亲没认真听,还要考一考她自己刚刚讲了什么。

小时候常年讲故事的经验,奠定了蔡志忠后来成为一个用漫画讲故事的高手。

如果我们想要学习讲故事,可以选择什么内容?

1. 童话书,自己看。

最经典的故事,还是童话书里的故事,老少皆宜。

2. 老师讲,自己听。

很多老师会在课堂上讲段子,那都是他经过大量实践总结而来的,非常宝贵。

3. 脑子瞎想,自己编。

开动你的脑筋,想到什么就讲什么,极致锻炼你的思维。

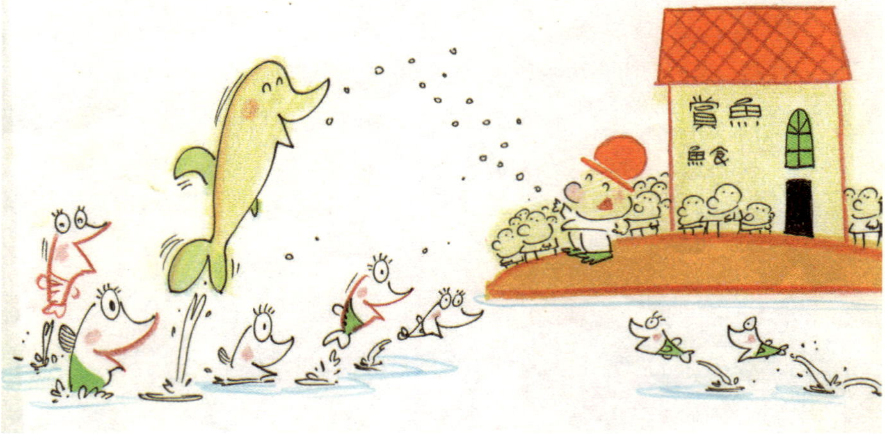
賞魚
魚食

如何反复讲同一个故事

蔡志忠说:"让孩子接受心灵教育,每天至少跟他讲一个故事。重复讲同一个故事也无妨,孩子愿意听他自己很喜欢的故事,无论已经讲过多少次,他都爱听。孩子听过1000个故事之后,他的表现绝对会让你刮目相看。"

如何反复讲同一个故事?

1. 换一个场景,不一定要在家里,可以在外面的餐厅,可以在路上散步时。
2. 换一个时间,早上、下午、晚上。
3. 换一个表达方式,并不是所有故事都是从故事的开头讲起。

同一个故事,可以切换不同的表述方式,有的故事可能会直接先讲结局发生了什么,再慢慢铺开内容。

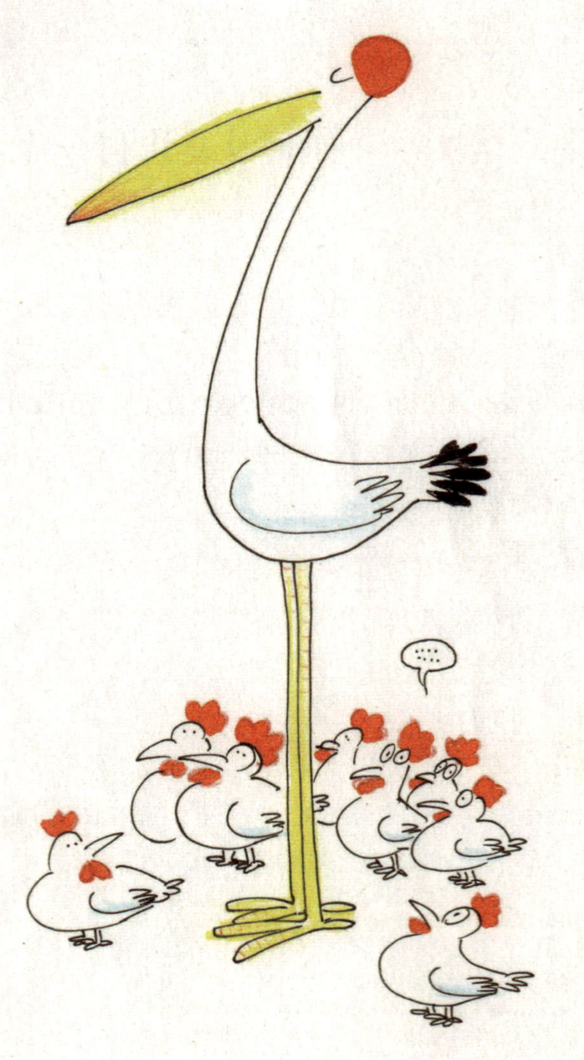

如何当好孩子的老师

蔡志忠说:"从我孩提之时,妈妈就背着我于凌晨3点多起床,煮猪食、喂鸡鸭,我也因此养成每天凌晨3点起床的习惯,这让我每天都有很长的时间能优雅地思考有关时间的问题。"

父母就是孩子最好的老师,家庭就是孩子第一所学校。他们永远不会听你怎么说,而会看你怎么做。

如果你每天在家玩手机,整天吵架,你的孩子都是看在眼里的。

有一个人来问我,有一件事要不要做?我说判断标准有一个,就是以后你愿不愿意跟你的孩子分享这件事?

你愿不愿意孩子也从事这件事,你觉得孩子会不会以你这件事为荣?

听完以后,她心里有了答案,默默离开了。

蔡志忠的100个成长智慧

85

为什么不要直接告诉答案

蔡志忠说:"单纯授之以道,而不私加导引;全力以赴教学,而不抑制学生发问;启发学生,但不直接告诉学生答案。"

为什么不要直接告诉学生答案?

1. 直接告诉他,会让他养成"等待"老师给答案的心理习惯。

2. 思考的过程比得出答案重要。思考出一次,以后面对不同的问题,他都能看到问题背后的本质。

3. 如果你直接给他答案,你是直接剥夺了他思考出答案后的成就感。

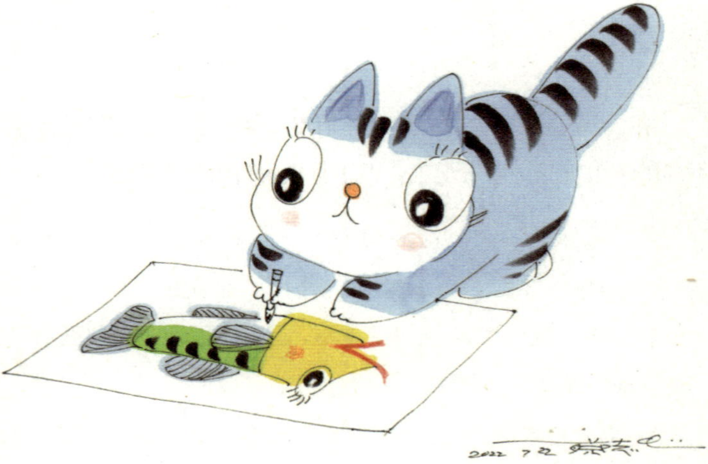

为什么孩子要多创作

蔡志忠小时候因为要经常编故事给妈妈听,故想象力丰富、思维敏捷、逻辑强,以至于他在看侦探小说的时候,经常看到一半就能猜到凶手是谁。

要鼓励孩子多参与创作,而不是刻板做题目、背诵、写作业,这样孩子的思维会僵化。

生活中多做一些创作的事情,比如编故事、画画等涉及思考创作的。

1. 人在创作的时候,思想是很自由的,容易产生奇思妙想。

2. 创作时,心情会很愉悦。先不说创作结果如何,至少创作过程很快乐。

3. 有了自己创作的作品,会有成就感。

背诵100篇课文的成就感都不及自己创作一篇文章的成就感强。

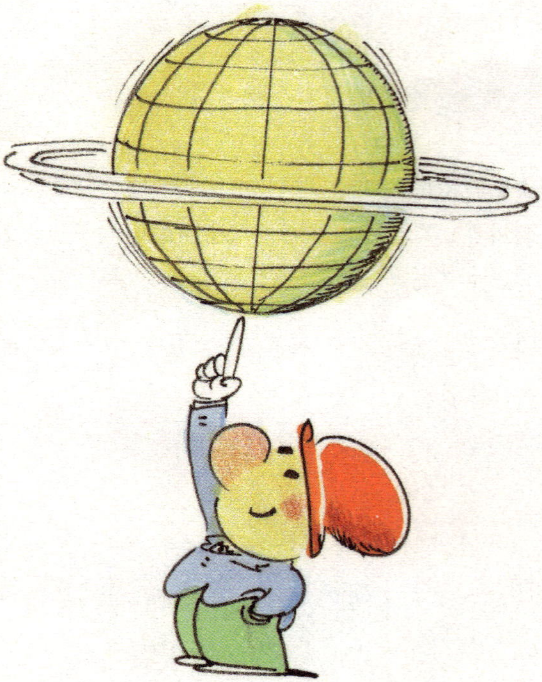

训练自己做决定

蔡志忠在女儿蔡欣怡小的时候,就常常带她出去吃饭,而且让她自己决定吃什么。蔡志忠会给她解释菜单上的每道菜的原料,怎么做出来的,是什么样的味道,她点什么蔡志忠都可以吃。最重要的是,她会说,这些都是她自己喜欢的。

在很多大大小小的事情上,蔡志忠都会训练女儿自己做决定的习惯。

没有人能为你保驾护航一辈子,我们自己做决定,我们就能对自己的人生命运负责,积极发挥自己的主观能动性。

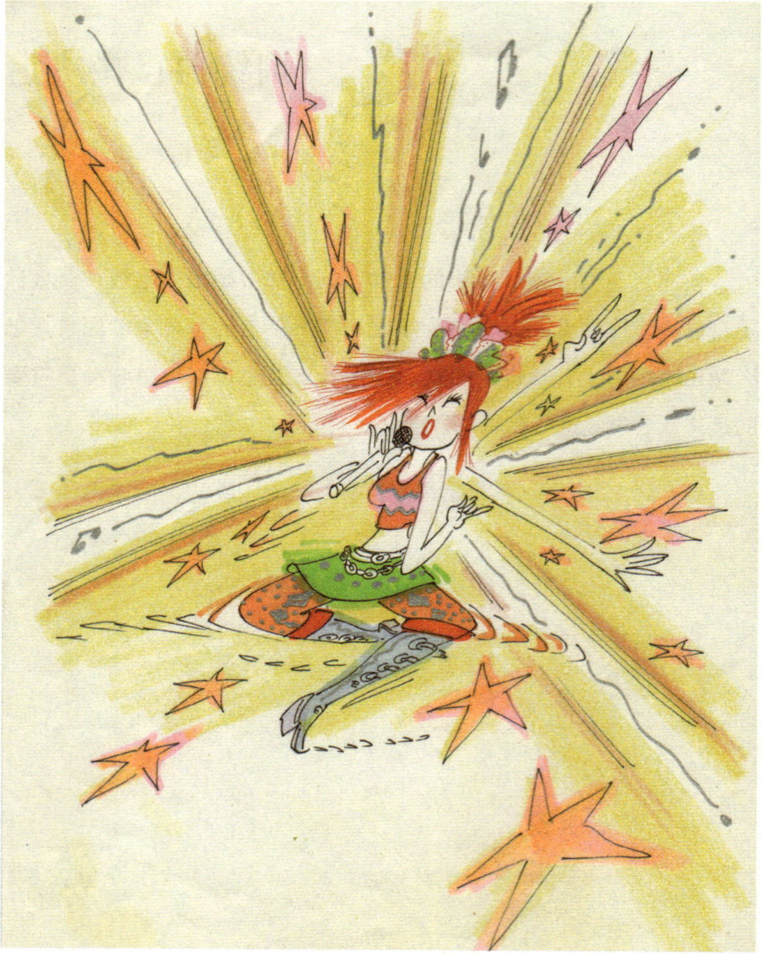

88

幽默会遗传

蔡志忠说:"母亲跟我交谈时,总是以相互斗嘴调侃的方式说话。例如我跟别的小孩到田里抓泥鳅,玩得双手很脏。她会说:'哇!好厉害,能玩得这么脏!这么脏的手,除非安个新的,否则怎能洗得干净?'"

这种幽默的对话方式,对蔡志忠的影响是潜移默化的,而且幽默还会遗传。

有一次蔡志忠对女儿说:"你长得好丑啊。"

女儿回答:"是啊,因为是你女儿嘛。"

这就是蔡志忠的整个家庭氛围。

记得有一次我去拜访蔡志忠的时候,我跟老师说:"我受您的影响,现在不怎么碰手机了。"结果他说:"把手机给我。"我说:"要干吗?"

"我把它扔到湖里,这样就能彻底隔绝了。"当时吓我一跳。

做一个幽默的人。幽默会让人快乐;幽默的人会更放松,容易有灵感;幽默不仅能让自己放松,还会让对方放松,并且能增进人与人的关系,没有人会拒绝一个幽默的人。

第一部分	第二部分	第三部分	第四部分	第五部分
01	**02**	**03**	**04**	**05**
成事的方法	自己的看见	心情的关照	孩子的影响	价值的思考

05

价值的思考

你给孩子灌输什么,他就会成为什么。

89

慈善家最开心

蔡老师身价几十个亿,尤其是家里的古董,更是无价之宝。

他自己也计划好了,等他去世以后,这些全部捐给博物馆和寺庙。每当谈到这里,他脸上总是挂着满满的幸福和笑容。

当你做捐赠的时候,就是把自己和更多人连接到一起,由此也会获得更大的能量。

你可以捐赠自己的什么呢?

1. 钱,做一些力所能及的钱财布施。

2. 物,把公司的产品或者自己闲置的物品,给到更需要的人或单位。

3. 时间,可以把自己的才能贡献出去,像我之前做讲师的时候,每年就拿出一定的时间,去做一些公益的课程,用时间做贡献。

190 蔡志忠的100个成长智慧

活在规则之外

蔡志忠说:"我2015至2016年写了29本书,75个钟头完成了《漫画金刚经》,花了11天完成《漫画庄子说》。"

在做事上,你活在规则之外,不跟别人对比,你就不会有固有的思维。

永远不要给自己设限,认为别人那样做,你也只能那样做。

如果你比别人强,那么别人做那么少,你也默认自己只能做那么少,岂不是很可惜?如果别人比你强,你一味向别人学习,最后你只会有更多的挫败感。

不做下一个谁,只做第一个自己。

你不是别人的复制品,你是自己的奢侈品。

机会比能力重要

蔡志忠说:"我年轻时,看到一家公司在招人,我就在想,他家有电视、电影、动画、广播、广告等部门,在那里上班应该可以学到很多东西。

负责人问我希望工资多少,我说工资多少都行,我无所谓。

我不介意这份工作的工资比我之前的那份工资低,即便不给我工资,我也愿意去上班,因为我想进去学习。

我在那里上班超过5年,学会了制作动画,也在那段时间谈恋爱、结婚,在那里改变了自己的命运。"

当今社会,很多人都在讨论,机会和能力哪个重要。

如果一定要选一个的话,我觉得机会比能力重要。

因为机会是有限的,理论上来讲,10个演员都有绝佳的演技,但是主演只能有一个。

当意识到机会的稀缺,你就可以拿时间、资源、财富换机会。

当你感觉到某个机会可能会有改变你命运的可能性时,少要钱,甚至不要钱都要把这个机会拿下来。

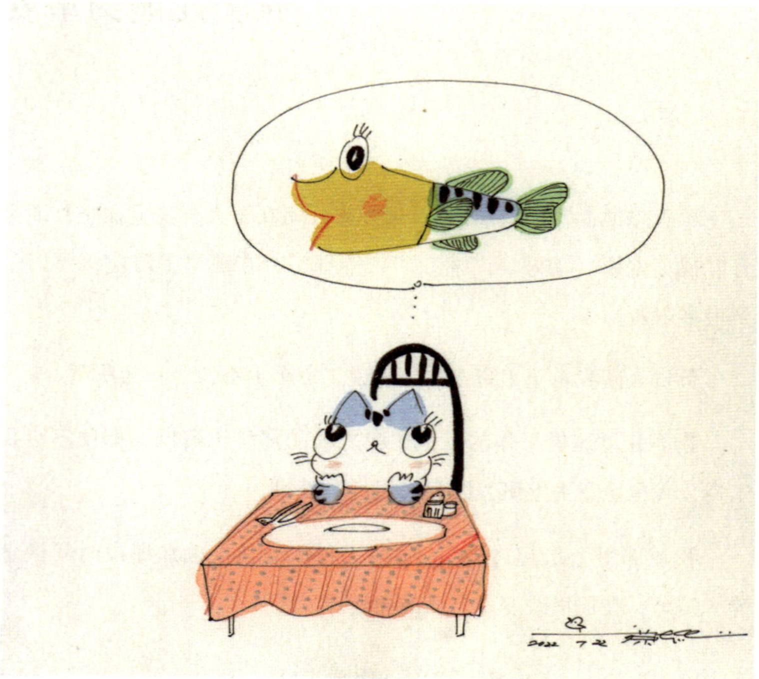

见世面

有媒体采访蔡志忠的女儿蔡欣怡,她说:"小时候,我和爸爸有一个秘密,我们一起从事最多的活动,就是背着妈妈溜到郊外偏僻的地方偷看一栋栋别墅,一起幻想有一天,我们会搬进去。"

孩子的梦想,很多时候真的很难先相信再看见,而是要先看见再相信。可以带孩子多去参加一些活动,如看球赛、听音乐会、逛画展、社交等,让他在除了课堂的学习之外,多见一些世面。

为什么要在孩子很小的时候,多带他见世面?

1. 让他对梦想有清晰认识,知道真正的世界长什么样子。

2. 让他知道实现梦想的距离很近,有时候我们知道梦想长什么样子,但是我们会自卑,觉得距离自己太遥远了,而能目睹就是一种拉近距离的方式。

3. 参加完活动以后,他会注入一股力量,让他活在动力当中。听歌一万次,都不如去演唱会现场听一次有感觉。

2004年,12岁的我第一次参加完中央电视台《同一首歌》的节目后告诉自己,有一天我要成为舞台上的明星。那之后,我一直秉持这信念。到现在,我有了自己的舞台,源动力就是当年的演出。

196 　蔡志忠的100个成长智慧

快乐比成功重要

蔡志忠父亲最骄傲的事不是蔡志忠获得了巨大的成功,而是蔡志忠能把自己最热爱的事当作职业。

你给孩子灌输什么,他就会成为什么。

你希望孩子有一个快乐的人生,还是成功的人生?

无疑,快乐在某种程度上可以解释为成功,但是成功却不一定包含快乐。

这些年,我听了太多成功人士跟我分享他们的生活,其中大多数人很焦虑,赚来的钱,并没有让他们感受到更多的快乐,反而让他们更忙碌。

所以,一件事哪怕能赚钱,但只要做起来不快乐,就不要去做。

因为钱是一般等价物,是为了来换取人生的幸福的。所以挣钱是手段,不是目的。

没有人这一辈子是为了赚钱而活的,我们每个人这辈子都应该为了自己的快乐而活。

94

连接更多人

1990年，42岁的蔡志忠功成名就，移民温哥华，过着每天无所事事、吃喝玩乐的生活。有一天，他躺在玻璃屋，仰望着天空中的白云思考，突然觉得自己这样很丢脸，觉得自己要多为别人做点事。没过多久，他就找到了新的目标：他决定要画《漫画佛经》。

如何让你做的事情更有意义？

那就是把你做的事情跟更多人连接到一起。

如果你是在读书，你可以开读书会；如果你是在学习，可以组建一个社群；如果你喜欢跳舞，也可以组建一支舞蹈队。

1. 跟一群人做事，那种氛围感，本身就是一种很重要的力量。
2. 不管你是退步还是进步，你都能从人群中得到反馈。
3. 一群人在一起，很多时候可以群策群力，不断优化很多东西来帮助更多人，你会不知不觉找到属于你的意义。

95

你的目标决定了你是谁

人生第一次领到薪水的蔡志忠去邮局给父亲汇款，附了一封信：爸爸，您是全乡书法第一，但我不仅要做花坛乡最好、彰化最好、中国台湾最好的漫画家，有一天我还要成为亚洲最好的漫画家。

在年纪很小的时候，蔡志忠当然不具备全亚洲最好漫画家的水平。但是他内心却有一个宏大的梦想，他也为此付出了对等的努力。

关于梦想和努力之间的关系，老祖宗早就给我们总结出来了。

1. 取乎其上，得乎其中。如果你给自己定100分的目标，你会拿出拿100分的努力，最后可能会得到80分。

2. 取乎其中，得乎其下。如果你给自己定80分的目标，你会拿出80分的努力，最后可能会得到60分。

3. 取乎其下，则无所得矣。如果你给自己定60分的目标，你会拿出60分的努力，最后可能不及格。

你给自己定什么目标，就会匹配什么样的行动力，最后获得一个接近的结果。所以，你的目标决定了你是谁。

我想出第一本书时，别人都去酒吧，我就泡在书吧。我知道一本书需要20万字，但是至少要积累100万字的素材。最后我积累了近200万字的素材，从中选了20万字并成功出版了自己的作品。

蔡志忠的100个成长智慧

96

让目标显影

蔡志忠说:"人生的目标不是心里想一想就了事,而要将如何完成目标的所有细节,在心中画出一张明确的蓝图,然后再通过行动逐一将它'显影'为事实。"

将自己的目标"显影"是一种非常高级的自我激励法。

1969年,29岁的李小龙就曾经写下自己的目标:

"我,布鲁斯·李,将会成为美国最高薪酬的超级东方巨星。作为回报,我将奉献出最激动人心、最具震撼的演出。从1970年开始,我将会赢得世界性声誉;到1980年,我将会拥有1000万美元的财富,那时候我和我的家人将过上愉快、和谐、幸福的生活。"

从那之后,他就一发不可收,成为享誉世界的功夫巨星。这就是最好的"显影"。回到自己的生活中,也要努力让自己的目标"显影"。如何操作?问自己三个问题。

1. 什么情景发生,我的目标就实现了?
2. 目标实现了,你会获得什么?
3. 真正拥有了想要的一切,你会有什么样的感觉?

想清楚这三个问题,你就知道真正想要的是什么,并且为之努力。

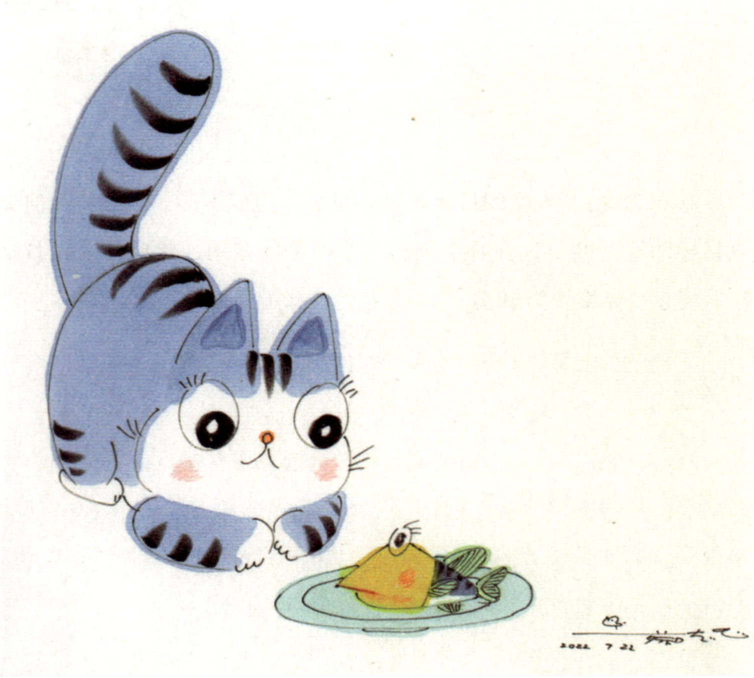

97

所以，你愿意为自己爱的东西投资多少

1990年，蔡志忠不知把佛陀画成《西游记》里的中国式佛陀，还是袒露右肩在林中修行的印度式佛陀，于是就去古董市场，花了一万元，买了一尊明朝早期的铜佛来深度研究。后来，在收藏铜佛的路上，便一发不可收。每隔三周就去搜索铜佛，到目前为止，他在铜佛上的花费已经超过数亿元。

结果，这些投资为他创造了数十亿元的价值。他画出了更有价值的作品，同时这些佛像还升值了。

所以，你愿意为自己爱的东西投资多少？

1. 不要总是把花出去的钱当作花费，换个角度，它就是一笔投资，会以你想不到的方式回到你身上。

2. 当你把它想成投资的时候，你就接着想钱花出去了，要用什么方式赚回来。长期思考下去，你会培养一个赚钱而非省钱的思维。

3. 哪怕你最后没有得到物质上的回报，但是大大方方为自己的心动买单，也是人生最好的回报。

为行业做贡献

蔡老师说:"我经常提到自己的画可以卖多少钱,是希望让更多人知道成为漫画家也可以像蔡志忠那样,而不是守着固定的薪水画脚本。如果一位母亲在刚想训斥小朋友'不要看没用的漫画'的时候,听到电视里讲到我赚了多少钱,进而没有说出那样的话,那就是好事。"

蔡老师为漫画界做的贡献,从这个案例中,就可以看出是非常巨大的。

每个人都可以想想,自己可以为谁做贡献。

1. 为家庭做贡献;
2. 为公司做贡献;
3. 为行业做贡献。

蔡老师之所以有如此大的成就,是因为他没有停留在第一个和第二个维度,且经常想着如何为这个行业带来不一样的东西。

当你代表的人群更多,站的维度更高时,自然会迸发出更大的力量,取得更大的成就。

99

涨价是最好的贡献

蔡老师把画给别人的时候经常说:"这幅画现在2万,等我死了就变20万,我在帮拥有我画的人赚钱。"

我一直在想,我对行业最大的贡献是什么?蔡志忠给了我标准的答案,那就是涨价。

他的画这些年不仅一直在涨价,而且他还直言不讳说等自己百年后,他的画会更贵。

从这个角度来看,他为整个漫画界做的贡献是巨大的。

1. 因为你敢涨价,大家不得不提高相应的服务水平和提供的价值。

2. 因为你敢涨价,社会的精英人士都会涌入这个行业,那么这个行业就会越来越有活力。

所以,涨价就是对行业最大的贡献。

210　蔡志忠的100个成长智慧

100

想着留下点什么

蔡志忠说:"一个时代结束了,唯一留下来的是文化;一个人走了,唯一留下来的也是文化。"

所以在2020年,蔡志忠就开始对自己的物品进行安顿,当中包括自己的古董、藏品、艺术品,价值几十亿,全部都会捐给艺术馆、博物馆、寺庙……

人的这一生,是否能取得大成就,取决于有怎样的底层思维。

第一,不要总想着得到什么,而要想付出什么。

越付出的人,越拥有。

第二,不要想着获得什么成功,而要想着成就什么。

如果你甘愿为人梯,帮助更多人成功,那么你最后也会获得成就。

第三,不要想着带走什么,而要想着留下什么。

人生在世,最后什么都带不走,我们只能为这个世界留下我们的文化,影响一代又一代人。